AF347141

LE NOUVEAU

TEINTURIER

PARFAIT.

LE NOUVEAU
TEINTURIER
PARFAIT,
OU
TRAITÉ

De ce qu'il y a de plus essentiel dans la teinture, omis ou caché par l'auteur de l'ancien Teinturier parfait :

Qui contient l'art de teindre les draps, les étoffes, et les laines en toutes sortes de couleurs; celui de les mélanger ensemble, et leurs proportions; et le nouveau secret de l'écarlate, tel qu'on le pratique maintenant :

Avec un Dictionnaire des principaux ingrédiens, et des termes propres à l'art de teindre.

PAR DE LORMOIS.

Nouvelle édition, corrigée.

TOME PREMIER.

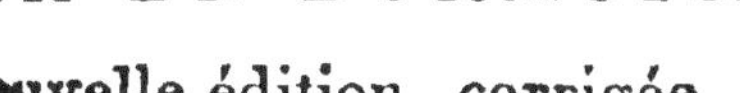

A PARIS,

Du fonds de Charles-Ant: Jombert,
Chez Barrois l'aîné, rue de Savoie, n°. 23.

8.

PRÉFACE.

DE tous les arts, il n'en est point de plus curieux, de plus vaste, et en même temps de plus ignoré que celui de la teinture. Renfermé dans les limites de ceux qui le professent, il ne s'est jamais communiqué aux yeux des philosophes. Les découvertes que ceux-ci auroient immanquablement faites, s'ils l'avoient parfaitement connu, ont été perdues pour le public, par la jalousie des maîtres, qui se sont fait une loi immuable de faire un mystère de tout ce qui fait l'objet de leur profession, à quiconque n'y est point initié. De-là vient le peu de progrès que cet art a fait jusqu'à ce jour. Les couleurs qui sont maintenant en

a 3

usage, l'ont été de temps immémorial. Les teinturiers n'ont fait que se transmettre les uns aux autres, la composition de chaque couleur, sans y rien ou presque rien ajouter davantage, et sans s'embarrasser de connoître et de rechercher la raison des différens effets que tant de drogues diverses, qui servent à cet art, opèrent tous les jours à leurs yeux. De-là vient encore que la plupart des drogues qui donnent les couleurs les plus brillantes , sont prohibées , à cause qu'elles sont fausses, faute d'avoir trouvé le moyen de les fixer. De ce nombre sont généralement toutes celles-qui nous viennent du nouveau monde, à l'exception de la cochenille , pour laquelle on a trouvé un secret qui l'attache, la fixe , et la rend permanente sur les draps.

Le premier ouvrage où l'on ait traité de la teinture, est celui qui a pour titre, *le Teinturier parfait*. L'auteur promet beaucoup; « puisque (à ce qu'il dit) » son ouvrage n'est qu'une com- » pilation des secrets du sieur » Gobelin, teinturier fameux, » dont il gratifie le public, ce » qui ne manquera pas de lui at- » tirer à dos tous les maîtres » teinturiers ». Mais la vérité est qu'il remplit très - imparfaite- ment ses engagemens. Si l'on fait une exacte analyse de son livre, on jugera sans peine qu'il a travaillé moins en personne vouée au public, et en philoso- phe, qu'en maître teinturier, c'est-à-dire, en homme jaloux des secrets mêmes qu'il promet de découvrir.

En effet, que contient son livre sur la teinture des laines et des draps ? Y a-t-il le moindre secret ? Il donne, il est vrai, une connoissance parfaite de tout ce qui doit précéder l'art de la teinture, comme le traité des drogues et la manière de les connoître; les instructions pour les teinturiers, le nom des instrumens en usage dans la teinture, la manière de s'en servir, une explication de quelques termes particuliers à cet art, etc. Tout cela est fort bon, et doit nécessairement précéder la connoissance des secrets sur la teinture. Mais pour rendre son ouvrage parfait, cet auteur auroit dû donner cette connoissance même; et c'est précisément en quoi il a manqué; en sorte qu'on peut dire de lui, qu'il a rempli en habile homme, tout ce qui regarde l'accessoire de cet art; mais qu'il a omis, ou par ignorance ou à dessein, ce qu'il y a de principal.

Si l'on parcourt son livre, on y trouvera peu de teintures de draps et de laines. La plus grande partie des secrets qu'il donne à cet égard, se borne à plusieurs recettes d'eaux sures, dont deux ou trois auroient suffi, et à quelques autres recettes sur l'écarlate, qui sont entièrement inutiles, puisqu'elles ne sont plus en usage.

En effet, on se servoit autrefois du vermillon ou *kermès* pour la couleur d'écarlate, et la préparation qu'on lui donnoit étoit un secret. Mais aujourd'hui on se sert de la cochenille; et la préparation étant toute différente, elle constitue un nouveau seret. Ce dernier a rendu l'autre entièrement inutile; et l'on ne s'en sert plus dans aucune manufacture d'Europe. C'est pourtant de ces rares secrets, surannés et inutiles, dont le *Teinturier parfait* a bien voulu régaler le public. Il est vrai qu'il donne quelques recettes sur le nouveau secret qui se fait avec l'eau-forte; mais ces recettes sont des premiers essais qu'on a faits de l'eauforte, et que l'expérience a tellement perfectionnés, qu'il y a une différence très-considérable de son procédé avec celui qui est en usage présentement; en sorte que ces nouveaux secrets ne valent pas mieux que les premiers.

C'est en ces deux espèces de secrets, savoir, celui des eaux sures et celui des écarlates, que consistent les connoissances, ou du moins la plus grande partie de celles que donne le *Teinturier parfait* sur la teinture des laines

et des draps. Pour les autres secrets, ils sont de si petite con-
séquence et si obscurs, qu'ils
ne méritent pas qu'on s'arrête
davantage à les réfuter.

.C'est donc pour suppléer au
défaut de cet auteur, qu'on avoit
résolu de donner un Traité com-
plet de la teinture des draps et
des laines. Mais comme son livre
est assez bon pour ce qui concerne l'accessoire de la teinture,
et qu'il s'en est fait plusieurs édi-
tions, on a cru qu'il seroit plus
agréable au public de lui en donner un *supplément*, qui renfermât
précisément l'essentiel de cet art,
qu'un nouveau Traité, dans lequel on auroit été obligé de répé-
ter bien des choses qui se trouvent
déjà dans le *Teinturier parfait* ;
ce qui auroit augmenté cet ouvrage d'un volume, et causé par
conséquent plus de dépense. On

se bornera donc à donner deux principaux Traités qui composent les deux volumes que nous offrons aujourd'hui au public.

Dans le premier on enseigne le véritable secret de l'écarlate, du pourpre, etc. et l'art de teindre les draps du Levant en toutes sortes de couleurs; avec la proportion des drogues pour toutes les espèces de draps et étoffes qu'il peut y avoir dans le monde. On y trouvera les couleurs traitées méthodiquement, chaque espèce sous son genre; en sorte qu'il semble qu'on ne peut rien desirer de plus à cet égard.

On trouvera dans le second volume, 1°. l'art de teindre les laines pour les mettre en drap, ou en droguet, avec les mélanges qui conviennent à chaque couleur, soit pour drap ou pour droguet; 2°. un traité sur les couleurs de gris de fer , gris d'azur et d'argentin; 3°. et un autre sur les suites des couleurs et les moyens d'en profiter. On a cru faire plaisir au public d'y insérer la manière de faire les mélanges ; puisqu'autrement la connoissance des couleurs auroit été imparfaite.

On n'a pas suivi, pour la teinture des laines, l'ordre qu'on a observé pour celle des draps, c'est-à-dire, qu'on n'a pas rangé sous chaque genre de couleur toutes les espèces possibles qu'on en peut former. On en donne les raisons au commencement de la seconde partie. Enfin on y trouvera encore un supplément au Traité des drogues inséré dans le *Teinturier parfait.* Ce second volume est terminé par un dictionnaire assez ample de toutes les drogues et ingrédiens, ainsi que des principaux termes usités dans la teinture des draps et autres étoffes, tant de soie que de laine.

Tel est le plan de cet ouvrage, qui contient tout ce qui se pratique pour la teinture des draps et des laines, et qui, pour cette raison, semble mériter d'être regardé comme le premier et l'unique qu'il y ait en ce genre.

Si le public le reçoit favorablement, le succès pourra engager l'auteur à lui donner un jour un essai sur la différence des bonnes et des mauvaises couleurs, les moyens de les rendre toutes bonnes, les raisons qu'on en peut donner, et les principes sur lesquels on se fonde. Cet essai, quelqu'imparfait qu'il puisse être dans son commencement, peut être regardé comme assez intéressant, relativement aux premières notions qu'il donnera aux

physiciens d'une matière très-
peu connue, et aux avantages
qu'on en peut retirer pour les
progrès de l'art de la teinture qui
en fait l'objet.

TABLE

DES MATIÈRES

Contenues dans ce premier volume.

PREMIÈRE PARTIE.

De la couleur de noisette et de ses différentes espèces.

Noisettes sans être empastelées, de plusieurs nuances.

Couleurs de cannelle, et ses différentes espèces.

Fin de la Table du premier volume.

LÉ

LE NOUVEAU TEINTURIER PARFAIT.

PREMIÈRE PARTIE.

De la teinture des Draps qu'on fabrique en Languedoc pour les Échelles du Levant.

Manière de faire les Écarlates.

L'ÉCARLATE est une couleur de feu qui se fait avec plusieurs drogues différentes. Autrefois on se servoit du vermillon ou graine d'écarlate, qu'on appelle *kermès*, et qui vient des pays méridionaux. La composition qu'on employoit pour faire cette couleur (c'est à-dire les drogues non colorantes dont on se servoit pour fixer la couleur du vermillon sur les draps) étoit un secret qui, n'ayant été connu pendant très-long-temps que du sieur Gobelin, a donné à sa manufacture la réputation qu'elle a aujourd'hui. C'est donc ce secret de faire des écarlates avec le vermillon que le sieur Gobelin a donné au public, mais un peu tard, puisqu'il n'est plus pratiqué depuis que les Hollandais ont trouvé celui dont on se sert pour faire des écarlates avec de la cochenille.

Cette drogue qui nous vient du Mexique a été substituée au kermès, depuis qu'on a trouvé le secret de la fixer.

On se sert de la lacque qui nous vient des Indes orientales; et cette drogue a encore sa préparation particulière; mais la cochenille étant celle de toutes qui fait les plus belles écarlates, c'est le *secret* de s'en servir qu'on va découvrir au public, avec toutes les circonstances qui accompagnent cette opération.

La composition est un mélange d'eau-forte, d'eau douce et d'étain réduit en larmes.

On met dans un pot vernissé douze livres d'eau-forte, vingt-quatre livres d'eau douce (ou deux fois plus que d'eau-forte) et une livre et demie d'étain en larmes. Cette proportion est plus ou moins juste selon que l'eau-forte est plus ou moins vive.

Dans le premier cas, dès que l'étain a été jeté dans le pot, il s'excite une fermentation très-violente. C'est la marque où l'on reconnoît le degré de bonté de l'eau-forte. Alors on verse sur ce mélange de l'eau douce avec modération, jusqu'à ce que la fermentation soit tempérée, et qu'elle devienne de couleur plombée tirant sur le noir.

Dans le second cas, il ne s'excite qu'une fermentation très-lente. C'est une marque que l'eau-forte est très-foible. Alors il faut en verser sur le mélange par inclination, jusqu'à ce qu'on ait excité une fermentation un peu vive, et qu'il soit devenu de couleur plombée.

On laisse reposer cette composition.

pendant douze heures au moins. L'étain qui avoit été dissous par la fermentation, se réduit en une espèce de boue, se précipite au fond, où on le trouve le lendemain, ce qui éclaircit le mélange, et le rend d'une couleur jaune citrin, qu'on verse par inclination dans un autre pot pour le séparer de son marc ; et c'est ce qu'on appelle *composition*, dont on se sert de la manière qu'on va l'expliquer.

On vient de dire qu'on mêle deux fois plus d'eau douce que d'eau-forte dans ce mélange. Il faut observer que cette eau douce doit être d'eau de rivière claire et bonne.

On a dit encore que l'étain qu'on jetoit dans ce mélange, étoit réduit en larmes : voici comme on s'y prend.

On fait fondre de l'étain, et puis on le jette goutte à goutte d'un endroit assez élevé dans une cuvette d'eau fraîche. Cet étain tombant d'assez haut, s'applatit sur sa superficie, et se trouve changé en feuilles très-minces.

Lorsque la composition est faite, reposée et mise au clair, on prépare un bain d'environ soixante pieds cubes d'eau. On fait du feu sous la chaudière; èt lorsque l'eau commence à s'échauffer, on y met un sac rempli de son pour la corriger. Quelquefois cela ne suffit point, et on est obligé d'y jeter des eaux sures, dont on donnera ci-après la composition. Ces eaux sures étant bien aigries, sont acides, et absorbent les alkalis que l'eau peut contenir, lesquelles ternissent l'éclat orangé des écarlates.

Lorsque l'eau du bain sera prête à bouillir, on y mettra deux livres de cristal de tartre par pièce; ainsi supposant qu'on teigne cinq pièces de drap à-la-fois, tirant quinze à seize aunes chaque pièce, on y mettra dix livres de cristal de tartre. Après qu'il sera fondu, on doit pallier fortement, et jeter dans le bain une demi-livre de cochenille en poudre, qu'on délayera bien en palliant de nouveau; quelque temps après on y versera vingt-sept livres de composition bien claire; on fera remuer encore fortement le bain, et on jettera les draps dedans, qu'on fera tourner continuellement aussi vîte qu'il sera possible, en observant de faire faire bon feu sous la chaudière, afin que le bain puisse bouillir fortement l'espace de deux heures, après quoi on tire les draps : cette préparation s'appelle le *bouillon*.

Il est à observer que quand on sort les draps de la chaudière, on les abat sur le chevalet par la lisière pour les éventer, et l'on continue ainsi pendant trois ou quatre fois ; ensuite on les relise uniment pour les laisser refroidir et égoutter ; et enfin on les plie, et on les porte à la rivière pour y être lavés, parce que l'eau emporte toutes les saletés que la composition a détachées du drap.

On prépare ensuite un nouveau bain, c'est-à-dire, qu'on jette celui avec lequel on a fait le bouillon, et qu'on remplit la chaudière de nouvelle eau. On y fait du feu dessous, et lorsque l'eau commence à être chaude, on attache à la civière, ou espèce de tour qui est sur la chaudière, une corde au bout de laquelle on a attaché un sac plein de son qu'on fait tremper dans l'eau pour la corriger de ses alkalis, et si elle abonde en ces sortes de sels, on se sert des eaux sures, ainsi qu'on l'a expliqué ci-dessus.

Lorsque l'eau sera prête à bouillir, on y mettra huit livres un quart de cochenille bien pulvérisée et tamisée, qu'on délayera, et on fera pallier fortement, afin de la distribuer également dans le bain. On laissera le bain dans cet état jusqu'à ce que la cochenille forme sur la superficie de l'eau une croûte de la couleur de la lie de vin, qui s'ouvrira en plusieurs endroits : alors il faut y verser dix-huit à vingt livres de composition.

Il faut se souvenir d'avoir toujours auprès de la chaudière une comporte pleine d'eau, parce qu'il arrive souvent qu'en jetant la composition dans le bain qui est prêt à bouillir, elle l'excite tellement que, s'élevant à gros bouillons, il se répand par terre, teint qu'il est de la couleur de la cochenille, et mêlé avec une partie de la composition ; en sorte que les couleurs de draps sont ensuite affamées, manquant de fonds et d'éclat ; ce qui cause un grand préjudice. Mais quand on a de l'eau auprès de la chaudière, et qu'on s'apperçoit que la composition cause une espèce de fermentation trop vive dans l'eau, on se hâte d'y jeter de l'eau froide qui la rallentit, et l'empêche de verser.

Quand la composition est donc dans le bain, on la pallie plusieurs fois, et ensuite on y met les draps. On leur fait faire deux ou trois tours, aussi vîte qu'il est possible, afin que la couleur de la cochenille se distribue également sur chacun d'eux (quoique malgré cette précaution les premiers ont toujours quelque peu de fonds et d'éclat de plus que les autres), après quoi on fait tourner doucement, afin que l'eau puisse bouillir. C'est de-là que dépend l'éclat de la couleur ; c'est pourquoi un Teinturier qui se pique de son métier, observe de faire faire le feu qui échauffe la chaudière, de manière que le bain puisse bouillir l'instant après que les draps sont dans la chaudière, et d'entretenir l'eau dans ce degré de chaleur pendant une demi-heure (1) ou environ

____

(1) Il y a des Teinturiers qui laissent les draps une heure dans la chaudière, mais pas davantage.

que les draps demeurent à prendre leur couleur. Il faut prendre un grand soin pendant ce temps-là de foncer les draps, c'est-à-dire, que comme les draps qui sont dans la chaudière, poussés par les bouillons de l'eau, s'élevent au-dessus de sa superficie, on doit avoir le soin de les pousser en dedans, pour que la couleur puisse être unie. Les draps ayant bouilli pendant une demi-heure, on les lève sur la civière, puis on les abat sur le chevalet en les prenant par la lisière; ensuite on les repasse trois à quatre fois à bras pour les éventer et les refroidir; on les relise sur le chevalet; et quand ils sont refroidis, on les plie et on les porte à la rivière pour y être lavés et nettoyés des cosses de la cochenille qui y restent attachées; pour lors les écarlates sont achevées.

On observera, 1°. que pour les draps du Levant, on y emploie une livre et trois quarts de cochenille. Ainsi pour cinq pièces, il en faut huit livres trois quarts. Or on en a mis demi-livre au bouillon, et huit livres un quart à la rougie; c'est donc huit livres et trois quarts. Il y en a plusieurs qui ne mettent point du tout de cochenille au bouillon , et réservent les huit livres trois quarts pour la rougie. Ils prétendent que les couleurs ont plus de fonds et sont plus belles : la raison qu'ils en donnent est celle-ci.

Quelque soin qu'on se donne pour faire prendre aux draps toute la couleur de l'écarlate , et empêcher qu'il n'en demeure dans le bain , il est certain qu'il y en reste une petite partie. Par les expériences qu'on a faites , on a reconnu qu'après une rougie où l'on a mis huit à neuf livres de cochenille , il en reste toujours autour de quinze onces. Or , à en mettre au bouillon , il est sûr qu'il y en reste toujours ; et c'est ce reste qu'il y a de moins dans les écarlates qu'on fait selon cette méthode, parce que le reste qu'il y a après la rougie , est aussi fort que celui de la rougie où on a teint les draps selon la méthode différente ; mais cette différence étant très-insensible , on ne doit point s'y arrêter. 2°. Que pour ces mêmes draps du Levant, on y met la composition qui résulte de trois livres d'eau-forte par pièce. Or, comme l'eau-forte supporte ordinairement deux fois son poids d'eau douce, il suit qu'on emploie pour chaque pièce de drap neuf livres de composition. Ainsi quand on en veut teindre cinq pièces à-la-fois, comme on l'a supposé dans l'exemple qu'on vient de donner, on prend quinze livres d'eau-forte qui produisent par conséquent quarante-cinq livres de composition, laquelle on divise en deux parties; l'une composée des trois cinquièmes, et l'autre des deux cinquièmes. On emploie la première dans le bouillon, et la deuxième dans la rougie. C'est pourquoi on a dit ci-dessus, que pour le bouillon de cinq pièces de drap, il falloit vingt-sept livres de composition, qui font les trois cinquièmes de quarante-cinq livres ; et dans la rougie dix-huit livres, qui font les deux cinquièmes restans. On peut là-dessus se régler sur un plus grand ou plus petit nombre de draps.

3°. Quand l'eau-forte est un peu vive, on a dit ci-dessus, en expliquant la manière de faire la composition, qu'on étoit obligé d'y mettre un peu plus d'eau douce qu'à l'ordinaire. Or,

ce plus augmente quelquefois la composition de deux ou trois livres. Ainsi
quinze livres d'eau-forte, qui d'ordinaire produisent quarante-cinq livres
de composition, en donnent dans le
cas supposé quarante-huit.

Les Teinturiers mettent ces trois
livres d'excédent à part pour une autre
occasion, et cet excédent leur épargne
une livre d'eau-forte. Mais quand un
manufacturier fait la composition pour
ses propres draps, il néglige cette épargne, et met cet excédent à la rougie
qui rend les draps encore plus éclatans.
Il est vrai que cet excédent ne doit jamais surpasser deux ou trois livres de
composition, parce que les couleurs
jauniroient trop, et paroîtroient n'a-
voir pas tant de fonds.

Pour expliquer ceci, il faut remarquer, que la couleur naturelle de la
cochenille est d'un rouge de la couleur
de la lie de vin. Les acides font rougir
tous les sucs; c'est pourquoi l'eau-forte,
qui est un des plus forts acides, fait
tellement rougir la cochenille qu'elle
devient étincelante comme le feu;
et c'est de-là qu'on l'appelle couleur

de feu. Plus on y met d'eau-forte, et plus la cochenille augmente sa couleur de feu, et perd la couleur de la lie de vin qui lui est naturelle ; plus elle perd celle-ci qui est obscure, et plus elle s'éclaircit. Or, quand elles sont claires pour y avoir mis trop de composition, elles ne paroissent pas plus belles que d'autres écarlates qu'on auroit faites avec moins de cochenille et moins de composition ; c'est pourquoi il y a un juste milieu à cet égard, comme en toutes choses, duquel il ne faut point s'écarter que le moins que l'on peut. On peut donc employer deux ou trois livres de composition de plus dans une rougie, mais non pas davantage.

4°. Quand on fait la rougie, on ne jette point le bain, mais on y fait un bouillon pour d'autres écarlates. Les draps qu'on y fait bouillir, se chargent de la cochenille qui a resté de la rougie, ou du moins de la plus grande partie (car l'eau en conserve toujours une légère couche), et comme ce reste est évalué à 15 onces, on a supposé que le drap en a pris 14 onces ; et au lieu d'en mettre huit livres trois quarts à la rougie, comme on le devroit à une livre trois quarts par pièce, on n'y en emploie qu'environ huit livres ; et ces nouvelles écarlates sont aussi belles que les autres. C'est le grand art de la teinture, que de mettre les suites à profit : car outre qu'on profite de la teinture qui reste dans le bain, on épargne encore, et le bois qu'il faudroit pour faire bouillir un bain frais, et le temps qui est la chose du monde la plus précieuse.

Remarque.

On avoit promis de donner ici une recette pour faire les eaux sures qui servent à corriger les eaux ou le bain dans lequel on fait les écarlates ; mais le *Teinturier parfait* ayant épuisé tout ce qu'on pouvoit dire sur cette matière, et ce nouveau traité sur la teinture n'étant qu'une espèce de supplément à cet ouvrage, on n'en parlera point du tout ici ; on se contentera seulement de faire une observation.

La qualité des eaux contribuant beaucoup à la beauté des écarlates, on a recherché avec soin d'établir des manufactures aux environs des rivières dont les eaux avoient été reconnues pour avoir la propriété de faire de belles écarlates : de là vient que la manufacture des Gobelins a été établie sur la rivière qui porte ce nom. Mais on doit reconnoître aujourd'hui qu'il n'y a point ou presque point de rivières dans le monde, dont les eaux ne soient propres à faire de belles écarlates, quelque variation qu'il puisse y avoir entr'elles ; puisque, au moyen des eaux sures, on possède le secret de les corriger.

En effet, les écarlates sont vives, ou elles sont ternes. Dans le premier cas, elles sont belles et estimées ; dans le second, elles sont méprisées. Les acides donnent la vivacité, et les alkalis l'absorbent : c'est une expérience qui est constante. Or, si les eaux d'une rivière font des écarlates dont l'éclat fait plaisir, et que celles d'une autre rivière en fassent qui sont ternes, la raison de cette différence n'est pas difficile à deviner ; elle provient de ce que les eaux de la seconde rivière contiennent beaucoup d'alkalis, ou de sels salés qui agissent comme les alkalis. Cela posé, il est évident que pour rendre les eaux de cette rivière aussi propres à la teinture des écarlates que celles de la première, il suffit de les dépouiller de ces alkalis. Or, les eaux sures bien aigries étant un puissant acide, elles pénètrent les alkalis, les divisent; et les faisant élever en écume sur la superficie du bain, en purgent l'eau; et dès-lors cette eau fait des écarlates parfaitement belles. Il ne s'agit donc, pour rendre toutes les eaux du monde semblables à cet égard, que de les purifier de leurs sels, soit par le moyen des eaux sures ou par d'autres acides; les eaux devenues ainsi légères et insipides, ne manqueront jamais de bien réussir pour la couleur de l'écarlate.

L'écarlate dont on vient de donner la recette, est pour les draps du Levant qui sont extrêmement légers; mais pour les draps dont on fait des habits et des manteaux en Europe, il y faut des doses de cochenille et de composition différentes; et il est diverses

manières de les faire qu'on va expliquer; après quoi on reprendra l'explication de la teinture des draps du Levant.

*ÉCARLATE façon de Hollande,
pour les draps dont on se sert en
Europe pour habits et pour manteaux.*

ON observe en premier lieu de faire
de la composition, de la manière qu'on
l'a expliqué ci-dessus, la quantité qui
est nécessaire pour le nombre de draps
qu'on doit teindre, selon la proportion
dont il sera fait mention dans la suite.

Si on veut teindre quatre pièces de
drap de seize à dix - sept aunes chacune, on les pèse; et c'est sur leur pe-
santeur qu'on règle les doses de composition et de cochenille. Supposant
donc que chacun de ces draps pèse
cinquante livres, et tous les quatre
ensemble deux cents livres, voici comme on doit s'y prendre.

On remarquera que le poids des
draps varie, étant plus ou moins fort
à proportion que les draps ont plus ou
moins de force et de corps.

On prépare un bain frais dans une chaudière d'étain pour faire le bouillon ; et dès que l'eau commence à chauffer, on y suspend un sac de son pour les raisons qui ont déjà été expliquées.

On jette ensuite dans le bain douze livres et demie de cristal de tartre ; et quand il est bien fondu, et qu'on a pallié fortement, on fait augmenter le feu pour hâter le bain à bouillir. Quand on connoît qu'il n'est pas loin de bouillir, on y verse trente-sept livres et demie de composition, et on la verse par inclination et doucement, crainte de causer quelque forte effervescence dans le bain. On fait pallier plusieurs fois, et on y mêle les quatre pièces de drap le plus vîte qu'il est possible, en les passant sur la civière, et auxquels on fait faire deux ou trois tours avec rapidité, pour leur faire recevoir également l'effet de la composition, après quoi on les passe doucement afin de faire bouillir le bain pendant deux bonnes heures, après lesquelles on sort les draps, on les passe sur la civière, et de-là on les abat sur le chevalet, en les passant deux ou trois fois pour les éventer : on les lise uniment ; et quand ils sont refroidis, on les plie, on les porte à la rivière pour les laver, et enfin on les rougit.

Rougie.

On fait un nouveau bain, dans lequel, quand il est bien chaud, on jette douze livres et demie de cochenille, bien tamisée, en la délayant à mesure qu'on l'y met ; on fait pallier fortement pour la distribuer également dans tout le bain. La cochenille étant excitée par la chaleur, forme une croûte sur la superficie du bain, de couleur brune en dehors, et d'un rouge foncé en dedans ; quand cette croûte se crevasse en plusieurs endroits, on jette doucement trente-sept livres et demie de composition (en observant d'avoir toujours auprès de la chaudière une comporte pleine d'eau pour modérer son action en cas qu'elle causât dans le bain une effervescence trop vive), et puis on fait pallier promptement plusieurs fois de suite : on met ensuite les quatre pièces de drap dans la chaudière, auxquels on fait faire les deux ou trois premiers tours avec toute la vîtesse possible, pour qu'ils prennent également la couleur de la cochenille, et ensuite on les fait tourner doucement pendant trois quarts d'heure ou une heure, afin de faire bouillir le bain. Pendant ce temps-là, il faut prendre soin de bien enfoncer les draps quand ils s'élèveront au-dessus de la superficie de l'eau, de les bien démêler, et de les mettre toujours au large. Il faut encore enfoncer non-seulement par-devant la chaudière, mais encore par-derrière; en sorte qu'il faut que deux garçons soient employés uniquement à cet emploi, et qu'ils observent tous les deux d'enfoncer les draps vers le milieu ou le centre de la chaudière, afin d'empêcher qu'ils ne touchent sur les bords, ce qui les raye; parce que la chaleur de la chaudière fait son action sur la cochenille, dont la partie du drap qui la touche est pénétrée; en sorte que cette chaleur de la chaudière étant d'un degré différent que celle du bain, éclaircit la couleur davantage; et la couleur de cette partie du drap qui touche la chaudière, étant plus claire que celle du reste du drap, cause une tache qu'on est obligé de guérir. C'est pour éviter ces sortes de taches, qu'il est bon de faire enfoncer toujours vers le centre.

Lorsque les draps ont bouilli pendant l'espace de trois quarts d'heure ou d'une heure entière, on les sort de la chaudière, on les passe sur la civière et on les abat sur le chevalet pour les éventer, en les passant à bras deux à trois fois; on les frise ensuite pour les faire refroidir, on les plie, on les porte à la rivière, et on les lave.

Il y a plusieurs remarques à faire sur cette opération : 1°. on a dit qu'il falloit mettre au bouillon douze livres et demie de cristal de tartre; c'est qu'il est d'usage d'y en mettre une once par livre d'étoffe. Or, on a supposé que les quatre draps pesoient deux cents livres, il y falloit donc deux cents onces de cristal de tartre, qui font précisément douze livres et demie.

On a dit qu'il falloit au bouillon trente-sept livres et demie de composition, et autant à la rougie; c'est en tout soixante quinze livres. Or, il est d'usage d'en mettre six onces par livre d'étoffe. Ainsi pour deux cents livres d'étoffe ou de drap, il faut douze cents onces de composition, qui font soixante-quinze livres.

Semblablement on a dit qu'il falloit mettre douze livres et demie de cochenille à la rougie, parce qu'on en met toujours une once par livre d'étoffe; or deux cents livres d'étoffe font deux cents onces de cochenille, ou douze livres et demie.

C'est sur cette proportion qu'on pourra se régler dans la teinture des étoffes et des draps, en employant toujours pour livre d'étoffe, une once de cristal de tartre qu'on doit mettre au bouillon, six onces de composition qu'on sépare en deux parties; l'une pour le bouillon, et l'autre pour la rougie; et une once de cochenille bien tamisée, qu'on emploie à la rougie.

2°. Dans la méthode qu'on vient de donner, on n'a point employé de cochenille au bouillon, en quoi on a différé de la méthode qu'on a expliquée ci-dessus pour les écarlates des draps du Levant , dans laquelle on en a mis une demi-livre. Mais on se souviendra qu'on a déjà dit, que lorsqu'on en mettoit au bouillon , on en employoit moins à la rougie , et qu'ainsi chacune de ces deux méthodes étant également bonnes , on peut opter pour celle des deux que l'on voudra.

3°. On a observé dans la méthode des écarlates pour les draps du Levant, qu'on divisoit la composition en deux parties; l'une composée des trois cinquièmes du total , qu'on employoit au bouillon, et l'autre des deux cinquièmes restans , qu'on employoit à la rougie ; cependant par cette dernière méthode on a divisé la composition en deux parties égales, puisqu'on en a mis au bouillon trente-sept livres et demie , et autant à la rougie. Ces deux méthodes , quoique différentes , reviennent toujours au même, et l'expérience fait connoître qu'elles réussissent également bien toutes les deux ; ainsi on les a expliquées afin de ne rien omettre , et on pourra se déterminer pour celle qu'on voudra avec tout le succès possible.

Les draps teints selon cette seconde méthode sont façon de Hollande. Or l'écarlate qui porte ce nom, est de couleur de feu et orangée, en quoi elle diffère des écarlates de Venise, qui sont d'un rouge vif, mais qui n'est point orangé ; au contraire il est un peu brun. On donnera l'explication de cette dernière écarlate. Il faut auparavant faire une observation sur celles de Hollande.

Comme la couleur propre à cette dernière écarlate, est de tirer sur l'orangé, pour lui donner cet œil à un degré supérieur, on les fait à deux bouillons, selon la méthode suivante.

Écarlate de Hollande à deux bouillons.

En supposant quatre pièces de drap du poids de cinquante livres chacune, on emploiera, selon la proportion qu'on vient d'expliquer, douze livres et demie de cristal de tartre, autant de cochenille, et soixante-quinze livres de composition ; mais on les emploiera séparément de la manière suivante.

On

On prendra les trois cinquièmes de la composition, c'est-à-dire, quarante-cinq livres pour les deux bouillons. On les divisera en deux parties égales de vingt-deux livres et demie chacune : on partagera également le cristal de tartre en deux parties de six livres un quart chacune. Après quoi on fera un bouillon avec vingt-deux livres de composition, et six livres un quart de cristal de tartre, en observant tout ce qui a été dit ci-dessus. Le bouillon fait, on videra l'eau de la chaudière, pour y en remettre de nouvelle, et faire un bain frais sur lequel on fera un second bouillon avec les vingt-deux livres et demie de composition, et les six livres un quart de cristal de tartre. Le bouillon fait, on videra de nouveau la chaudière pour la remplir d'eau fraîche sur laquelle on fait la rougie, en y employant les deux cinquièmes restans du total de la composition, c'est-à-dire, trente livres, et les douze livres et demie de cochenille, au moyen de quoi les écarlates sont faites. Ces écarlates ainsi préparées, sont plus belles que les autres, quoiqu'il n'y entre

Part. I. B

pas plus de drogues. Mais il en coûte un peu plus, par rapport qu'il y faut plus de temps pour les faire, et un bain de plus qui coûte sept à huit livres, pour le bois qu'il y faut employer pour l'échauffer.

On observera que quand on a fait le premier bouillon, on fait jeter le bain pour y en mettre un frais, sur lequel on fait le second bouillon. On pourroit bien le faire sur le même bain dans lequel on auroit fait le premier bouillon; et dans ce cas on épargneroit le bois qui est nécessaire pour échauffer le second bain. Mais les couleurs seroient rances, et n'auroient pas tant d'éclat, quoiqu'il y eût la même quantité de drogues; c'est pourquoi on observe de faire des bains frais pour donner aux couleurs ce coup -- d'œil gracieux qui décide de leur beauté.

Méthode pour faire les écarlates façon de Venise, pour les draps dont on fait des habits et des manteaux en France et en Europe.

On supposera toujours qu'on veuille teindre quatre pièces de drap de seize à dix-sept aunes chacune, et du poids de cinquante livres, ou de deux cens livres ensemble.

On fera soixante - quinze livres de composition, selon la méthode qu'on a donnée au commencement, de laquelle il ne faudra jamais s'éloigner, puisqu'elle est la meilleure.

On fera le bouillon des quatre pièces de drap sur un bain frais, en y faisant tremper toujours un sac de son. On y mettra douze livres et demie de cristal de tartre, et trente-sept livres de composition, comme on l'a expliqué. On fera bouillir les draps pendant deux bonnes heures, après quoi on les sortira, on les éventera, on les fera refroidir, et on les lavera.

Quand on vient à faire la rougie sur un bain frais, on le fait chauffer. On y jette douze livres et demie de cochenille. Mais dans la composition qu'on doit verser sur la cochenille, on a eu soin d'y jeter quelques heures auparavant deux ou trois poignées de sels urineux, et l'on verse ensuite la composition dans le bain. Si on ne se sert point de ces sels urineux dans la composition, on observe d'en faire fondre dans le bain sur lequel on doit faire la rougie, avant que d'y mettre la cochenille. Or comme ces sels urineux sont difficiles à faire, on y met à la place 4 livres d'alun par pièce, qu'on fait fondre auparavant dans un chaudron plein d'eau chaude. Cet alun ayant été jeté dans le bain, et le bain ayant été ensuite bien pallié, on y délaye la cochenille, et puis on y verse la composition, et le reste de l'opération est le même que pour les autres écarlates.

La couleur de celles façon de Venise se trouve donc plus foncée, c'est-à-dire, qu'elle tire plus sur la couleur naturelle de la cochenille qui est d'un rouge obscur, que les écarlates façon de Hollande ; mais elles ne sont pas si orangées, ni d'une couleur de feu si éclatante. Comme ces deux espèces d'écarlate ont chacune leurs partisans, on ne sauroit décider quelle est la plus belle, puisque cela dépend du goût de chacun. On peut cependant dire, que si celles façon de Hollande ont plus d'éclat, de feu, que celle de Venise, la couleur de celle - ci est par contre plus sûre, subsiste, et se conserve dans l'éclat et la beauté qui lui est propre très long-temps, au lieu que l'éclat des autres se ternit en peu de temps, et qu'elles sont encore beaucoup plus sujettes à se tacher.

Ce sont-là les principales manières de faire des écarlates, tant pour toute sorte de draps que d'étoffes. Le poids du sujet que l'on veut teindre, fixe la quantité des drogues qu'on doit y employer; et en observant les précautions qu'on a déduites et expliquées assez au long, on ne manquera jamais de bien réussir. Je reviens maintenant à la teinture des draps du Levant, qui servent à habiller les Turcs; et après avoir donné l'explication de la couleur d'écarlate de ces sortes de draps, on va donner maintenant celle des autres couleurs; pour cet effet on va commencer par les cramoisins.

Des Cramoisins.

Pour faire une couleur de cramoisin, il faut faire une écarlate de la manière qu'on l'a enseigné dans le commencement de ce traité, où l'on renvoie le lecteur pour ne point tomber en des répétitions inutiles.

Quand les écarlates sont faites et bien lavées, on fait un bain frais, on prend une petite chaudière à part, dans laquelle on fait dissoudre quatre livres d'alun. On jette cette dissolution dans le bain, lorsque l'eau est assez chaude pour qu'on n'y puisse souffrir la main. On fera bien pallier le bain, pour que l'écume de l'alun ne monte point sur la superficie, et pour éviter qu'en s'attachant aux draps, elle ne les rose, et ne les tache : on met ensuite deux pièces de drap à-la-fois seulement dans la chaudière, aussi vîte qu'il est possible ; et on les y laissera jusqu'à ce qu'ils soient brunis au point qu'on le souhaite ; ce que l'on reconnoîtra en comparant la couleur avec celle qu'on veut imiter. Lorsque la couleur est faite, on les lève sur la civière, et on les abat ensuite sur le chevalet. On les passe et repasse plusieurs fois pour les éventer, et les faire refroidir ; on les frise ; enfin on les lave, et la couleur de cramoisin est faite.

Il est à observer que l'effet de l'alun consiste à brunir l'écarlate, et à lui enlever une partie de son éclat et de son œil orangé, en sorte que les cramoisins ont beaucoup de ressemblance aux écarlates façon de Venise : aussi en ont-ils les principales propriétés, qui sont, entr'autres, de n'être point sujets à se tacher, et de conserver leur couleur beaucoup plus long-temps que les écarlates.

Il y a néanmoins une différence essentielle, et qui mérite d'être rapportée. On a dit ci-dessus, qu'après qu'on a fait des écarlates, l'eau de la chaudière dans laquelle on les a faites conserve une teinture rouge, dont de nouveaux draps (si on y en fait bouillir dessus) se chargent du moins de la plus grande partie ; que ce reste est évalué au moins à quinze onces de cochenille, et que les nouveaux draps s'en chargent au moins de quatorze onces. Il résulte de-là que les écarlates qu'on fait pour demeurer écarlates, et ceux qui doivent devenir cramoisins, perdent également les uns et les autres quinze onces de cochenille, qui restent dans le bain après qu'elles ont été faites.

Mais quand on veut faire un cramoisin, on remplit de nouveau une chaudière d'eau, sur laquelle on les brunit ou on les fait cramoisins au moyen de l'alun, en l'employant de la manière qu'on vient de l'expliquer. Or, tandis que l'alun brunit la couleur écarlate, il enlève une partie du fonds ou de la couleur du drap ; en sorte que quand on sort les draps, l'eau de la chaudière demeure teinte d'une légère couleur de rouge. Or c'est cette partie de couleur que les draps perdent (par l'action de l'alun), qui se trouve de moins dans les cramoisins que dans les écarlates ordinaires, et que dans les écarlates façon de Venise, auxquelles les Teinturiers emploient l'alun, lorsqu'on fait la rougie ; en sorte que par-là celles-ci ne perdent que le reste qu'on a évalué à quinze onces, perte qui est commune à toutes les écarlates. Or cette perte que font nos cramoisins, de plus que les écarlates façon de Venise, est une différence très-considérable , qui les rend par conséquent moins beaux et moins éclatans.

Quand on a donc bruni deux pièces de drap, ainsi qu'on l'a expliqué , on fait dissoudre dans la petite chaudière, au lieu de quatre livres d'alun, trois et demie seulement. On jette cette dissolution dans le bain , et on y passe dessus deux nouvelles écarlates pour les brunir à la même nuance que les deux premières, après quoi on les retire.

On remet ensuite trois livres d'alun dissoudre à part, qu'on verse après dans le même bain , sur lequel on brunit deux nouveaux écarlates à la même nuance que les précédens.

Enfin on fait dissoudre deux livres et demie d'alun pour brunir deux autres écarlates : mais on n'en passe pas davantage sur ce bain, parce que les couleurs seroient mornes, et n'auroient point l'éclat et la vivacité qui fait leur plus grande beauté. Si l'on a plus de cramoisins à faire, on les fait sur un bain frais, en y mettant pour la première fois quatre livres d'alun, puis trois et demie , etc.

B 5

On voit, par la description qu'on vient de donner, que ces couleurs se font à trois bains. Au premier, on fait le bouillon, au second la rougie, au troisième la bruniture, au lieu que les écarlates ne se font qu'à deux bains, qui sont le bouillon et la rougie. La couleur que le troisième bain emporte aux cramoisins, est la différence essentielle qu'il y a d'eux aux écarlates de Venise. Pour rendre donc ces deux couleurs ressemblantes à tous égards, on va donner au long une manière de faire des cramoisins à deux bains, qui auront et le fonds et l'éclat des écarlates de Venise.

Cramoisins à deux bains.

On suppose qu'on veuille teindre cinq pièces de drap du Levant.

Pour faire la composition, on y met trois livres d'eau-forte par pièce; c'est donc quinze livres qu'il en faut en tout, lesquelles produisent quarante-cinq livres de composition, comme on peut le voir dans l'explication qu'on en a donnée ci-dessus; et comme

on suppose que l'eau-forte sera bonne,
les quinze livres produiront quarante-
sept à quarante-huit livres de composition; l'on remplit une chaudière d'eau
sous laquelle on fait du feu; on met
dedans un sac plein de son; et quand
l'eau commence à s'échauffer, on y
jette dedans dix livres de sel marin à
la place du cristal de tartre. Lorsque
l'eau est prête à bouillir, on y jette
vingt-sept livres de composition sans
cochenille: on fait passer les draps dans
la chaudière, aussi vîte qu'on le peut,
de même que pendant les deux ou
trois premiers tours; après quoi on va
doucement pour faire bouillir l'eau à
gros bouillons, deux heures durant.
On retire ensuite les draps; et quand
ils ont été éventés et refroidis, on les
porte à la rivière pour les laver. On
se souviendra toujours, après qu'on
aura mis le sel marin et la composition,
de faire pallier fortement. On fait un
nouveau bain; et quand l'eau est chaude, on y délaye huit livres trois quarts
de cochenille bien pulvérisée et tamisée. Quand la croûte qu'elle fait sur la
superficie s'entr'ouvre et se fend en

plusieurs endroits, on y verse doucement vingt à vingt-une livres de composition. On fait pallier promptement,
et on y met les draps aussi vîte qu'on
le peut, pendant les deux ou trois
premiers tours. On fait bouillir le bain
durant trois bons quarts-d'heure ; et
pendant ce temps-là, on fait bien enfoncer, liser et mettre au large les
draps ; au bout de ce temps on les sort,
et on trouve des couleurs de cramoisins d'une beauté achevée, on diroit
qu'on y a mis un quart de livre de
plus qu'à ceux qu'on fait à trois bains,
tant elle paroît avoir de fonds : c'est un
rouge plein, vif et éclatant ; en un
mot, ce sont les plus belles et les meilleures couleurs qu'on puisse voir et
qui ont toute la beauté des écarlates
de Venise. Et comme les doses des
écarlates de ce nom (qu'on fait avec
les draps dont on s'habille, et dont on
fait des manteaux en Europe) sont
différentes des doses des drogues
qu'on emploie aux draps du Levant,
il ne sera pas inutile, avant que d'aller plus loin, d'en donner ici la recette.

Ecarlates, façon de Venise, pour les draps qu'on fabrique aux Gobelins et autres manufactures de France, pour habits et pour manteaux.

Pour teindre quatre pièces de ces sortes de draps, du poids de cinquante livres la pièce, on mettra dans le bain qui servira au bouillon, quand il commencera à être chaud, douze livres et demie de sel marin, le plus blanc qu'on pourra trouver ; quand il sera fondu on palliera le bain plusieurs fois de suite : avant qu'il bouille, on y versera quarante - cinq livres de composition ; et après avoir bien pallié, on y mettra les quatre pièces de drap qu'on y fera bouillir l'espace de deux heures, en observant, comme de coutume, de faire bien enfoncer les draps, et les mettre au large. On les tirera au bout de ce temps-là; on les éventera, les laissera refroidir, et on les fera laver, et le bouillon sera fait.

Si au lieu d'un bouillon, on en faisoit deux, en partageant en deux parties égales les doses du sel marin et

de la composition, les couleurs n'en
seroient que plus belles; et c'est ce
qu'on ne doit point négliger, en se
souvenant qu'à chaque bouillon il faut
un bain frais.

Quand les draps ont donc été bouillis une ou deux fois, on fait un nouveau bain, où l'on met toujours un
sac plein de son. Dès que l'eau est fort
chaude, on délaye douze livres et demie de cochenille; on fait pallier
plusieurs fois pour la diviser et la distribuer également dans tout le bain.
La chaleur poussant le marc vers la
superficie, lui fait former une croûte
noire, qui se crevasse lorsque l'eau est
prête à bouillir; on doit alors y verser trente - six livres de composition,
en se souvenant toujours d'avoir auprès
de soi une comporte pleine d'eau,
pour appaiser l'effervescence que la
composition pourroit causer dans le
bain. On pallie le tout, et on y met
les draps dedans; on les fait bouillir
l'espace d'une demi-heure ou de trois
quarts-d'heure, et puis on les sort, on
les évente, on les frise, on les laisse
refroidir, et on les lave.

Ces écarlates sont de véritables écarlates de Venise ; leur couleur est remplie, veloutée, et d'un coup-d'œil
charmant.

On observera que les doses ordinaires de composition, quand on emploie du cristal de tartre au lieu de sel
marin dans le bouillon, sont de six
onces par livre d'étoffe, tant pour le
bouillon que pour la rougie. Or, à
quatre pièces de drap du poids de deux
cents livres, il n'y faudroit, selon cette
proportion, que soixante-quinze livres
de composition ; cependant dans la
recette qu'on vient de donner, on a
compté quarante-cinq livres pour le
bouillon, et trente-six livres pour la
rougie, ce qui fait quatre-vingt-une
livres ou six livres de plus qu'il n'en
faut. La raison pourquoi on a compté
ces six livres de plus, est qu'on a employé du sel marin, au lieu du cristal
de tartre ; c'est pourquoi toutes les
fois qu'on emploiera du sel marin dans
le bouillon des écarlates, il faut se
souvenir de mettre cinq à six livres de
plus de composition à la rougie : re-
venons aux draps du Levant.

Couleurs de soupe-vin pour les draps du Levant.

La couleur de soupe-vin, qu'on nomme autrement *amaranthe*, est une écarlate qu'on a fait brunir beaucoup plus que le cramoisin. Pour faire donc de soupe-vin, il faut auparavant faire des écarlates.

Ayant donc des écarlates, on fait un bain frais sur lequel l'on en brunit deux pièces. Pour cet effet on la fait chauffer jusqu'à un certain degré, et on fait dissoudre à part dans une petite chaudière six livres d'alun de glace ou trois livres par pièce; on jette cette dissolution dans le bain; on le pallie fortement, et on y met les deux écarlates, aussi vîte qu'il est possible, après quoi on fait tourner la civière ou le tour fort doucement; on a le soin de faire bien enfoncer les draps, et de les élargir. Quand ces six livres d'alun ont fait leur effet, on relève les deux pièces de drap, on les abat sur le chevalet, on les évente et on les frise. Pendant ce temps-là le maître Teinturier fait dissoudre dans la petite chaudière huit livres d'alun ou quatre livres par pièce, et les verse dans la grande ; on fait pallier pour empêcher que l'écume de l'alun ne paroisse sur la superficie, parce qu'elle tacheroit les draps ; et on y remet dedans les deux pièces qu'on a déjà brunies, en observant d'augmenter la chaleur du bain, sans pourtant le faire bouillir ; c'est pourquoi il faut que le degré de chaleur qu'on donne au premier jet, c'est-à-dire, qu'on donne au bain la première fois qu'on met les draps pour les brunir (ce que les ouvriers appellent jet), il faut, dis-je, que ce degré de chaleur soit modéré, pour pouvoir augmenter le degré de chaleur des autres jets, sans pourtant faire bouillir le bain.

Lorsque le second alun a fait son effet, et a donné aux deux pièces de drap toute la bruniture qu'il a pu, on les sort de la chaudière, comme on a fait la première fois ; et tandis qu'on les évente, et qu'on les fait refroidir sur le chevalet, le maître Teinturier fait dissoudre dans la petite chau-

dière dix livres d'alun ou cinq livres
par pièce, et verse ensuite cette dissolution dans la grande chaudière. On
pallie fortement ; on augmente la chaleur du bain, on remet les draps dedans, et on les y tient jusqu'à ce qu'ils
aient pris toute la bruniture du nouvel
alun : alors on les sort de nouveau,
et on en prend un échantillon très-
petit, et on le confronte avec la couleur qu'on est chargé d'imiter ; si elle
n'est pas assez brune, comme c'est
d'ordinaire, quand elles n'ont eu que
trois jets, on fait dissoudre encore
douze livres d'alun, ou six livres par
pièce, qu'on verse dans la grande chaudière, en augmentant la chaleur du
bain. On y met les deux pièces de
drap, après avoir fait pallier, et quand
elles ont reçu l'effet du nouvel alun,
on les sort. Si elles ne sont pas encore
assez brunies, on remet de l'alun, en
en augmentant la dose et la chaleur du
bain, jusqu'à ce qu'on soit parvenu au
point de bruniture que l'on souhaite.

Les deux pièces étant brunies, si on
en a davantage, on remet dans le bain
trois livres d'alun pour le premier jet,

par pièce de drap, quatre livres par pièce pour le second jet, et ainsi du reste. Mais après que ces deux nouvelles pièces sont brunies, on ne doit plus en brunir sur le même bain, il faut le jeter et en faire faire un qui soit frais pour continuer à brunir.

Comme l'écarlate qu'on brunit de cette manière-là perd beaucoup de son fonds, ce qui se connoît en ce que l'eau du bain sur lequel on les a brunies, se trouve chargée d'une légère teinture rouge, si on veut la lui conserver, il n'y a qu'à faire ces soupe-vins ou amaranthes à deux bains seulement, en se servant du sel marin à la place du cristal de tartre, comme on l'a déjà enseigné à l'égard des cramoisins ; mais comme il y a une différence de s'en servir par rapport aux doses de sel et de composition, on va en donner la méthode.

Méthode pour faire de soupe - vin ou amaranthe à deux bains seulement.

On suppose qu'on a 5 pièces de drap à teindre en cette couleur. On fait la

composition en la manière accoutumée, en employant trois livres d'eau-
forte par pièce, qui font quinze livres,
et qui produisent quarante-cinq livres
de composition, et quelquefois quarante-huit livres.

On fait un bain frais dans lequel on
fait tremper un sac plein de son; et
quand l'eau est chaude, on y fait fondre dix livres de sel marin. Étant prête
à bouillir, on y verse vingt-sept livres
de composition; on fait pallier fortement, et on y met les cinq pièces de
drap : on fait bouillir pendant deux
heures le bain; après cela on retire les
draps, on les évente, et on les fait laver en la manière accoutumée.

On fait un nouveau bain dans lequel
on fait dissoudre six livres de sel marin. On pallie fortement le bain, et on
y délaye ensuite trois livres trois quarts
de cochenille. Elle forme, comme on
a déjà dit, une croûte sur la superficie du bain; quand elle se crevasse,
on y verse dix-huit livres de composition, on pallie le bain fortement, et
on y jette les cinq pièces de drap, on
les fait bien bouillir l'espace de trois

quarts-d'heure, ou même d'une heure, et on les retire. Les couleurs qui en sortent sont toutes brunies à une nuance extrêmement foncée, et on ne sauroit voir rien de plus beau et de plus velouté.

On se souviendra qu'on a dit ci-dessus que toutes les fois qu'on employoit du sel marin à la place du cristal de tartre dans les écarlates de Venise, ou dans les cramoisins, il falloit mettre à la rougie cinq à six livres de plus de composition qu'il n'est porté par la proportion qu'on a établie. On voit cependant que dans les soupe-vins on n'y en a pas mis davantage que si on n'avoit employé que le cristal de tartre, quoiqu'on eût dû en augmenter la dose, puisqu'on a augmenté celle du sel de six livres. La raison de cette pratique est celle-ci.

La composition fait jaunir et éclaircit la couleur; et comme le sel la brunit extrêmement, on est obligé dans les écarlates de Venise ou dans les cramoisins, d'augmenter la dose de la composition, pour éviter que les couleurs ne soient trop brunies. Mais comme la bruniture est excessive dans les soupe-vins, on n'a point la même raison d'augmenter la quantité de la composition ; c'est pourquoi on n'y en a pas mis davantage qu'on en met aux écarlates qu'on fait avec le cristal de tartre, puisque vingt-sept livres qu'on en a comptées pour le bouillon, et dix-huit pour la rougie, ne font que quarante-cinq livres, qui résultent de quinze livres d'eau-forte qu'on y a mise, qui est la dose ordinaire pour cinq pièces de drap.

Ce retranchement de composition d'une part, et les six livres de sel d'augmentation qu'on a mises dans la rougie, ce qu'on ne fait point pour les cramoisins, de l'autre part, augmentent la bruniture du soupe-vin au point qu'elle doit être, et en même temps lui conservant son fonds, lui donnent une beauté et un œil qu'il n'a point quand on le fait selon la première méthode.

Couleur de Migraine.

Cette couleur exige encore la même quantité de composition que les précédentes : ainsi pour cinq pièces, il faut prendre quinze livres d'eau-forte pour avoir quarante - cinq livres de composition qu'on divise en deux parties, l'une des trois cinquièmes ou de vingt-sept livres pour le bouillon, et l'autre des deux cinquièmes restans, ou de dix-huit livres pour la rougie.

On met sur un bain frais dix livres de cristal de tartre qu'on y a fait dissoudre; quand l'eau est prête à bouillir, on y verse les vingt-sept livres de composition, on pallie fortement, et on y passe les cinq pièces de drap. Quand elles ont bouilli pendant deux heures, on les sort; et après avoir été éventées et refroidies, on les fait laver; c'est le bouillon.

On fait un nouveau bain : étant chaud, on y délaye quatre livres six onces de cochenille, et autant de garance de la plus belle qu'on puisse trouver, qu'on a eu soin auparavant de bien pulvériser et tamiser, mêlées ensemble, ce qui fait en tout huit livres trois quarts de drogue. On pallie alors avec un soin extrême, et mainte et mainte fois, pour bien mêler ces deux drogues dans le bain, et pour que les couleurs puissent être unies.

Ces deux drogues forment la croûté sur la superficie du bain, dont on a déjà parlé ; quand on voit qu'elle s'entr'ouvre en plusieurs endroits, on y verse les dix-huit livres de composition. On pallie fortement le bain, on augmente la chaleur, et on y met dedans les cinq pièces de drap très-vîte, et avec la même vîtesse on leur fait faire deux ou trois tours ; ensuite on va doucement, et on fait bouillir le bain à gros bouillons l'espace de trois quarts-d'heure. On observe de faire toujours bien enfoncer et mettre les draps au large. Cela fait, on passe les draps sur la civière, de-là on les abat sur le chevalet ; on les passe à bras deux ou trois fois, et on les frise pour les faire refroidir : on les plie alors, et on les porte à la rivière, où on doit prendre un grand soin de les laver, à cause que les feces de la garance sont en grand nombre et très-tenaces : c'est la rougie.

On fait un nouveau bain pour roser ou brunir ces couleurs. On a fait dissoudre dans une chaudière à part de la

chaux

chaux dans de l'eau. On met de cette eau de chaux plusieurs casses dans le bain frais, et quand il est assez chaud l'on y passe deux pièces de ces couleurs de migraine. Cette eau de chaux ayant fait son effet, on retire les deux pièces de drap, en observant toujours de les faire éventer et refroidir ; car autrement les couleurs ne seroient point unies. Si la bruniture n'est pas suffisante, l'on remet dans le bain un peu plus d'eau de chaux que la première fois, et on augmente la chaleur du bain. Après un certain temps on retire les deux pièces de drap, et on remet dans le bain de nouvelle eau de chaux, jusqu'à ce qu'enfin les draps soient brunis à la nuance que l'on souhaite. On les retire pour lors, et on les fait laver à la rivière, et les couleurs sont faites.

Toutes les couleurs dont on vient de donner la composition, se font à deux ou à trois bains ; celles dont on va parler maintenant, ne se font qu'à un seul bain.

Part. I. C

Couleurs de jujube.

Pour cinq pièces de drap, il y faut vingt-sept livres de composition, qu’il faut donc faire avec neuf livres d’eau-forte. On fait un bain frais, et quand il est chaud, on y fait dissoudre sept livres et demie de cristal de tartre : on pallie le bain, et on augmente sa chaleur. J’ai omis de dire qu’avant de mettre le cristal, on fait bouillir le bain, et qu’on y met dedans un sac plein de copeaux de bois de fustel, pesant quarante livres, ou huit livres de fustel par pièce, et qu’on le fait bouillir fortement pendant deux ou trois heures, après quoi on y fait dissoudre le cristal : on y délaye ensuite trois livres trois quarts de cochenille : on fait pallier fortement, et on la laisse pendant quelques momens en repos : on y verse ensuite vingt-sept livres à vingt-sept livres et demie de composition, ou cinq livres et demie par pièce ; et quand elle a été bien brouillée dans le bain, on y met les draps. On leur fait faire deux ou trois tours extrêmement

vîte, et on les mène après fort doucement, pour donner le temps au bain
de bouillir. On l'entretient ainsi pendant une demi-heure ou trois quarts
d'heure. On fait bien foncer les draps ;
on les démêle et on les met au large.
Au bout de ce temps-là on les passe
sur la civière ; de-là on les abat sur le
chevalet, on les évente, on les passe
et repasse, on les fait ainsi refroidir,
et on les porte à la rivière, et la couleur est faite.

Langoutes.

Cette couleur est un diminutif de
celle de jujube. Pour la faire, on remplit une chaudière d'étain d'eau dans
laquelle on jette un sac plein de copeaux de fustel, pesant vingt-cinq
livres, qu'on y fait bouillir pendant
deux ou trois bonnes heures.

On y fait dissoudre ensuite sept livres et demie de cristal de tartre, ou
une livre et demie par pièce, et on
pallie le bain.

On y verse ensuite vingt-deux livres
et demie de composition, ou quatre

livres et demie par pièce , bien en-
tendu qu'auparavant on y aura délayé
deux livres et demie de cochenille en
la manière accoutumée. La composition ayant été versée, on palliera plusieurs fois , et on y passera les draps
dedans : on les y fera bouillir pendant
une demi-heure , et on les tirera en
la manière accoutumée, au moyen de
quoi la couleur sera faite.

Abricot,

Cette couleur est encore un diminutif de celle de langoute ; on la fait
après une suite, comme on l'expliquera ci-après. Mais quand on n'a point
de suite, on la fait ainsi.

Sur un bain frais, on y met un sac
rempli de fustel en copeaux dix livres
pesant, ou deux livres par pièce, qu'on
y fait bouillir deux heures durant.

On y fait ensuite dissoudre une livre
un quart de cristal de tartre , ou un
quart de livre par pièce ; car on suppose toujours qu'on teint cinq pièces
de drap ensemble. Après avoir fait
pallier le bain, on y délaye cinq onces

de cochenille tamisée, ou une once
par pièce ; et quelque temps après on
y verse cinq livres de composition :
on brouille bien le bain pour mêler
ces drogues ensemble, et l'on y passe
les cinq pièces de drap : on les fait
bouillir durant une bonne demi-heure,
et on les retire, et la couleur est faite ;
on les lave, &c.

Couleur de paille.

Quand on a fait des abricots sur un
bain frais, et non après une suite,
comme on l'expliquera, on peut y
passer trois pièces de drap, sans y rien
mettre, lesquelles se chargent de la
teinture qui a demeuré dans le bain,
et cette teinture fait une couleur de
paille.

Couleur de cerise.

Pour teindre cinq pièces de drap en
couleur de cerise, on remplit une
chaudière d'eau, dans laquelle on met
à l'ordinaire un sac plein de son ; ou
si l'eau est douteuse, ou qu'on sache
qu'elle ne fait pas de belles couleurs,

on y verse quelques seaux d'eaux sures pour la corriger ; c'est une précaution qu'il faut prendre dans toutes les couleurs où l'on emploie l'eau-forte. On met ensuite dans le bain cinq livres de cristal de tartre ; quelques momens après qu'il doit être fondu , on remue fortement et à diverses reprises la pelle de bois ; on y délaye alors trois livres trois quarts de cochenille bien tamisée, ce qui est douze onces par pièce : on laisse reposer le bain quelque temps , et on y verse quinze livres de composition : on pallie fortement, et on y met les cinq pièces de drap auxquelles on fait faire trois tours extrêmement vîte, et ensuite on tourne la civière doucement; on augmente le feu, afin de faire bouillir l'eau à gros bouillons une bonne demi-heure de suite.

Durant ce temps-là on a un grand soin de faire enfoncer les draps , de les démêler , de les élargir; après quoi on lève les draps sur la civière, on les abat sur le chevalet, on les évente d'un bout à l'autre pendant deux ou trois fois , et on les frise sur le chevalet , pour achever de les faire refroi-

dir ; ensuite on les plie, on les porte
à la rivière, où on les lave avec d'autant plus de soin, que cette couleur et
toutes les autres qui se font à un seul
bain, sont extrêmement délicates et
fort sujettes à se tacher ; c'est pourquoi on observe dans toutes ces couleurs, et dans toutes celles où il entre
de la cochenille, de les envelopper
dans un linceul blanc et fort net pour
les envoyer à la rivière.

Couleur de rose.

Cette couleur est un diminutif de
celle de cerise quant à la cochenille ;
car pour les doses des autres drogues,
elles sont les mêmes.

En effet, sur un bain frais dans lequel on a mis un sac de son, on fait
dissoudre (dès qu'il commence à être
chaud) cinq livres de cristal de tartre,
si on a à teindre cinq pièces de drap,
c'est-à-dire, que c'est toujours une livre par pièce. Le cristal étant fondu,
on fait pallier le bain, et on y délaye
trente onces de cochenille bien tamisée : on lui donne le temps de se dis-

soudre après avoir bien pallié ; et ensuite on y verse quinze livres de composition, ou trois livres par pièce ; on
fait agir la pelle de bois, pour bien
mêler cette composition sur la cochenille qui est dans le bain ; et cela fait,
on y met les cinq pièces de drap.

On leur fait faire deux ou trois
tours extrêmement vîte, et on observe
pour le reste tout ce qu'on a dit à l'é-
gard des cerises.

Couleur de chair.

Cette couleur est un diminutif des
deux précédentes. On teint cinq pièces
de drap en cette couleur, en mettant
sur un bain frais cinq livres de cristal
de tartre. Quand il est fondu, et qu'on
a bien pallié, on y délaye quinze
onces de cochenille, ou trois onces
par pièce. Quelques momens après
on y verse quinze livres de composition, ou trois livres par pièce ; on
fait pallier le tout, et on y met les
draps, en observant tout ce qui a été
dit à l'égard des cerises, et on a des
couleurs de chair qui sont très-fraîches.

Les couleurs dont on vient de donner la composition, sont les principales qu'on fait à un seul bain. Mais
comme les plus grands profits de la
teinture se font en profitant des suites, on va donner la méthode de faire
les couleurs à un seul bain (dont on
vient de donner la recette) après différentes suites, et faire connoître les
épargnes qu'on y peut faire de la cochenille, de la composition, du bois,
et du temps des ouvriers, qui est ce
qu'il y a de plus précieux.

Quand on a fait des écarlates, on
tire parti de la suite, selon les couleurs qu'on a à faire.

Couleur de jujube faite à la suite des écarlates.

Lorsque les écarlates sont sorties du
bain, on achève de le remplir. Pendant qu'on fait les écarlates, l'eau bout
extrêmement, et par conséquent s'é-
vapore. Les draps écarlates en empor-
tent encore une très-grande quantité,
ce qui tout ensemble diminue l'eau de
la chaudière de cinq à six grands tra-

vers de doigt ; c'est pourquoi on fait puiser de l'eau pour remplir la chaudière.

On continue à y faire du feu , et on y met un sac de toile plein de fustel en copeaux , pesant quarante livres ; et on le fait bouillir deux heures durant. Après cela, au lieu d'y mettre sept livres et demie de cristal de tartre, ou une livre et demie par pièce , on n'y en met que six livres un quart, ou une livre un quart par pièce. On le fait dissoudre , et on remue le bain avec la pelle de bois.

On y fait délayer ensuite deux livres moins trois onces de cochenille bien tamisée , c'est-à-dire , neuf onces par pièce. Quand cette cochenille y a demeuré quelque temps , on y verse vingt-cinq livres de composition , ou cinq livres par pièce ; on la fait bien pallier dans le bain , on y met les draps , et en une demi-heure ou trois quarts d'heure ils sont faits , en observant de pratiquer toutes les circonstances qui accompagnent cette opération , et qui ont été énoncés à l'article où l'on a traité de la couleur de jujube , où on renvoie le lecteur.

Couleur de langoute faite à la suite d'une rougie où l'on a fait cinq écarlates.

Dès que les écarlates sont hors du bain ou de la chaudière, on la fait remplir d'eau, et on augmente le feu pour hâter le bain à bouillir. On met vingt-cinq livres de fustel en copeaux dans un sac, qu'on jette dans le bain pour le faire bouillir deux heures durant.

On y fait dissoudre six livres un quart de cristal de tartre, ou cinq quarts de livre par pièce.

On n'y emploie que vingt-cinq onces de cochenille qu'on délaye de la manière qu'on l'a déjà dit, et l'on n'y verse que vingt livres de composition, ou quatre livres par pièce. Le reste de l'opération se fait comme on peut le voir à l'article où l'on a traité des couleurs de langoute.

On doit remarquer que les doses dont on vient de parler, tant pour les langoutes que pour les jujubes, sont employées pour cinq pièces de drap.

Couleur de cerise faite à la suite d'une rougie où l'on a fait cinq écarlates.

Pour teindre cinq draps en couleur de cerise, on doit faire achever de remplir la chaudière. Quand l'eau a été échauffée, on y fait fondre trois livres trois quarts de cristal de tartre, après quoi on fait pallier le bain fortement. On attend que l'eau soit prête à bouillir, et alors on y jette quarante-cinq onces de cochenille : on remue fortement le bain, et on y verse quinze livres de composition. On fait pallier le tout, et on met les draps dedans, qui prennent la couleur de cerise, &c.

On remarquera donc qu'on a retranché des doses ordinaires,

1°. Un quart de livre de cristal de tartre par pièce.

2°. Trois onces de cochenille aussi par pièce ;

3°. Mais qu'on y a mis la même quantité de composition, c'est-à-dire, trois livres par pièce, quoiqu'on en ait retranché dans les couleurs de jujube et de langoute. En effet il paroît assez naturel qu'on devroit en retrancher aussi dans les couleurs de cerise et de rose ; car s'il est vrai qu'il reste dans le bain un reste de couleur accompagnée de sa composition, il n'est pas douteux, que puisqu'on retranche les doses de la cochenille, on ne dût aussi par la même raison retrancher la dose de la composition selon la même proportion que la cochenille. Et ce raisonnement paroît si naturel, qu'on ne doute point que les couleurs ne fussent parfaitement belles. Mais l'usage est contraire : non-seulement on met la même quantité de composition dans le cas dont il s'agit, quoiqu'on diminue la dose de la cochenille, mais on la met encore bien souvent, ou pour mieux dire toujours quand on fait des couleurs de rose, après une suite de cinq écarlates, sans y mettre de cochenille, mais seulement avec la teinture qui reste dans le bain, comme on va le faire voir. C'est donc l'usage qu'on a suivi dans la recette qu'on a donnée. On ose cependant assurer qu'il paroît qu'il n'y auroit aucun risque de s'en éloigner.

Couleur de rose faite à la suite d'une rougie où l'on a teint cinq écarlates.

Pour teindre cinq draps en couleur de rose, on achève de faire remplir la chaudière, c'est le premier soin.

On y fait fondre ensuite trois livres trois quarts de cristal, ou douze onces par pièce; au lieu d'une livre qu'on y en met, lorsqu'on fait des langoutes sur un bain frais.

On y emploie quinze onces de cochenille, ou trois onces par pièce, qui est la moitié moins.

Mais on y verse quinze livres de composition, tout comme si on ne retranchoit point de cochenille.

Ces drogues mélangées ensemble avec les précautions et les circonstances qui suivent cette opération, font le même effet que trente onces de cochenille sur un bain frais: véritablement les couleurs ne sont pas si fraîches.

Couleur de langoute faite à la suite d'une rougie où l'on a teint cinq écarlates sans y mettre de la cochenille.

Lorsqu'on a rempli la chaudière tout-à-fait, et que le bain commence à bouillir, on y jette un sac rempli de copeaux de fustel, du poids de huit livres, c'est-à-dire quatre livres par pièce, qu'on fait bouillir deux heures durant.

On y fait dissoudre deux livres de cristal de tartre, ou une livre par pièce, parce qu'il est à remarquer que dans le cas dont il s'agit, on ne teint que deux pièces de drap à la fois. On pallie bien le tout, on y verse sept à huit livres de composition, ou trois livres et demie à quatre livres par pièce, sans y mettre de cochenille. Avec cela on teint deux pièces de drap en couleur de langoute, qui sont d'un très-bon goût, quoiqu'elles n'aient pas tout-à-fait le même fond que celles qu'on fait selon les recettes qu'on a données ci-dessus; mais elles trouvent leur emploi comme les autres.

On doit remarquer qu'on a diminué la dose du fustel, à cause que celle de la cochenille ne se trouve pas si forte ; et comme la couleur de celle-ci est d'un rouge obscur, la couleur de celle-là d'un jaune doré, et que de leur mélange resulte la couleur de langoute, il est bon de proportionner les doses de l'une ou de l'autre de ces deux drogues, afin que la couleur d'aucune ne surmonte l'autre.

On a dû par la même raison diminuer la dose de la composition, et c'est ce qu'on a fait en ne marquant que 7 livres. On a cependant mis de 7 à 8 livres, parce qu'il peut se faire que le reste du bain des écarlates soit plus fort qu'à l'ordinaire, comme il arrive quelquefois, auquel cas on y met huit livres de composition. C'est donc à l'expérience à régler cette différente dose, qui au surplus employée d'une manière ou d'autre, ne sauroit causer une grande différence.

Couleur de rose faite à la suite de cinq écarlates qu'on a teints ensemble sans y mettre de cochenille.

Dès qu'on a achevé de remplir la chaudière d'eau, et qu'on a augmenté le feu, on y fait fondre une livre et demie de cristal de tartre, pour deux pièces de drap que l'on veut teindre à la fois, ou douze onces à la fois par pièce. Dès que le cristal est bien fondu, et que le bain a été bien pallié, on y jette six livres de composition, ou trois livres par pièce ; et après l'avoir bien mêlée dans la chaudière avec la pelle de bois, sans y mettre de la cochenille, on y fait passer deux draps, qui demi-heure après sont teints en une couleur de rose aussi foncée que ceux qu'on a faits sur un bain frais, en y mettant six onces de cochenille par pièce; ce qui est assez naturel, puisque (ainsi qu'on l'a déjà dit) on a reconnu que ces suites étoient aussi fortes que la teinture qu'on donneroit à un bain frais avec quinze onces de cochenille. Pour achever donc ces deux couleurs

de rose, on observe toutes les formalités qui ont été prescrites ci-dessus,
auxquelles on peut avoir recours dans
le besoin, et qu'on omet pour ne
point tomber en des répétitions qui seroient inutiles.

*Couleur de chair faite sans coche-
nille à la suite d'une rougie où l'on
a teint cinq pièces ou deux pièces
seulement de couleur de cerise ou
de couleur de rose, soit que les cerises ou les roses aient été teintes
sur un bain frais, ou sur une suite
d'écarlates.*

On prend deux pièces de drap, et
après avoir fait achever de remplir la
chaudière comme il est d'usage, et
après en avoir augmenté le feu, il
faut faire dissoudre une livre et demie
de cristal de tartre pour deux pièces
de drap qu'on veut teindre, et on fait
pallier ensuite, c'est-à-dire, qu'on emploie trois quarts de livre de cristal par
pièce : on y verse ensuite six livres de
composition, ou trois livres par pièce,
comme il est d'usage, lesquelles achèvent de tirer si bien la couleur qui

reste dans le bain, quoique bien souvent ce soit le reste d'un autre reste
(comme il arrive quand on fait des
couleurs de chair à la suite des couleurs
de rose, qui ont été teintes elles-mêmes
à la suite d'une rougie où l'on a fait cinq
écarlates) : cette composition achève,
dis je, de si bien tirer la couleur du
bain, que les deux pièces de drap qu'on
y met, après y avoir bouilli pendant
une bonne demi-heure, en sortent
avec une très-belle couleur de chair.

*Couleur d'abricot faite sans coche-
nille à la suite d'une rougie où l'on
a teint cinq pièces, ou deux pièces
seulement de couleur de jujube ou
de langoute, soit que l'une ou l'autre de ces deux couleurs aient été
teintes sur un bain frais ou sur
une suite.*

Pour teindre deux pièces de drap
en abricot, il n'est rien de plus aisé.

Lorsqu'on a sorti du bain les jujubes ou les langoutes, on n'y fait pas
mettre de l'eau pour achever de remplir la chaudière, comme on a fait dans
toutes les autres couleurs qu'on vient

de décrire ; mais on la laisse en l'état où elle se trouve quand on en a sorti les cinq pièces de drap, jujube ou langoute : et un moment après, sans y mettre ni cristal de tartre, ni cochenille, ni composition, on met les deux pièces dedans, et on les y fait bouillir une bonne demi-heure, au bout duquel temps on les sort : moyennant quoi on a deux pièces de drap de couleur d'abricot parfaitement belles.

Remarque.

On ne fait point de couleur de paille après les abricots dont on vient de parler, quoiqu'on en fasse après ceux que l'on teint sur un bain frais, parce que l'essentiel de ces légères couleurs consiste à être fraîches et gaies. Or, dès qu'un bain a servi pour deux couleurs différentes, la troisième commence à être terne ou rance comme on dit ; mais la quatrième est insupportable tant elle l'est ; c'est pourquoi on n'en fait point : ce n'est pas au reste que cette règle n'ait quelque exception. Un fabricant qui aura besoin

de couleur d'abricot et de couleur de
paille, ne se souciera guère que ces
dernières soient rances, pourvu qu'il
épargne sur les premières une once de
cochenille par pièce qu'il faudroit y
mettre pour les teindre sur un bain
frais. Mais ces sortes d'épargnes doivent être regardées comme des lésines
insupportables.

Ce sont les principales couleurs que
l'on puisse faire à la suite des écarlates.
On peut reconnoître par la comparai-
son qu'on fera des différentes doses
qu'on a mises pour les mêmes couleurs,
les épargnes qu'il y a à faire.

En premier lieu, celle de la cochenille est essentielle; car il n'est point de
suite d'une rougie d'écarlate qui n'é-
pargne quinze onces de cochenille,
qui valoient en cette année 1732 une
vingtaine de livres. Cette épargne se
fait au profit du propriétaire des draps.

En second lieu, le Teinturier qui
travaille pour les manufacturiers, y
épargne et du cristal de tartre, et de
la composition. La livre de chacune de
ces drogues, l'une dans l'autre, vaut
bien une douzaine de sols; on peut

donc évaluer par cet endroit, et en comparant les différentes doses des mêmes couleurs , les épargnes du Teinturier à cet égard.

En troisième lieu, il en coûte cinq à six francs de bois pour le chauffage d'une chaudière remplie d'eau fraîche, et qu'on vient de tirer du puits, dans laquelle on doit faire un bouillon ou une rougie ou des jujubes, cerises, roses, &c. Or il faut les deux tiers du bois qu'on y emploie pour échauffer l'eau jusqu'au point de la faire bouillir, puisqu'elle est deux à trois heures à en venir là , pendant lesquelles on fait grand feu sous la chaudière ; et le tiers restant est plus que suffisant pour entretenir l'eau bouillante durant l'espace d'une demi-heure ou trois quarts-d'heure. Selon cela, le Teinturier qui profite d'une suite, trouve l'eau qui bout ; il épargne donc le bois qu'il faudroit pour la faire parvenir à ce degré de chaleur, et cette épargne est de trois à quatre livres par suite sur le bois seulement.

En quatrième lieu, quand on fait chauffer pendant deux ou trois heures un bain frais, cinq ou six ouvriers qui sont employés en même temps à faire les couleurs des draps qu'on vient de décrire, demeurent presque sans rien faire. Or deux ou trois heures de suspension font le quart de leurs journées. Ces journées sont chères ; on est obligé de nourrir ces ouvriers comme des coqs en pâte ; ainsi c'est autant de perdu. Mais les suites sont avantageuses aux Maîtres Teinturiers, en ce que dès qu'on a sorti les écarlates, ils divisent leurs ouvriers : deux pour éventer les draps et les faire refroidir ; un pour les porter à la rivière ; un autre pour aller accommoder le feu ; deux pour tirer de l'eau. De cette façon-là ils travaillent tous, et un quart-d'heure après on teint de nouveaux draps sur la suite. C'est ainsi, et par les raisons qu'on vient de donner, qu'un sage Teinturier et un habile Maître fait des profits considérables dans les suites ; c'est pourquoi on en a voulu donner une idée.

Après avoir traité de toutes les couleurs rouges ou approchant, qui se font avec la cochenille, on va parler de toutes les autres couleurs , tant simples que composées.

Couleur de rouge de garance.

Pour teindre cinq draps en couleur de rouge de garance , on fait un bain frais dans une chaudière de cuivre ; et quand l'eau est un peu chaude, on y mettra trente livres d'alun de Rome , ou six livres par pièce ; et trois livres trois quarts de tartre rouge, ou douze onces par pièce , bien pilé et tamisé. Quand on juge que ces drogues sont fondues, on pallie fortement , et on augmente le feu jusqu'à ce que l'eau bouille ; on y met alors les cinq pièces de drap , et on entretient le feu au degré de chaleur nécessaire pour faire bouillir le bain à gros bouillons pendant l'espace de deux heures et de-mie à trois heures. Pendant ce temps-là on tourne la civière continuelle-ment, pour que les draps prennent également le bouillon ; on fait en-foncer soigneusement , et on les fait mettre au large à tout instant. Quand les draps ont bouilli environ trois

heures ,

heures, on les lève sur la civière, on
les abat sur le chevalet, on les évente
et on les fait refroidir : c'est-là ce qu'on
appelle le bouillon.

On prépare un bain frais dans lequel on jette soixante livres de bonne
garance, ou douze livres par pièce de
drap ; quand elle est fondue, on fait
pallier le bain plusieurs fois, et d'abord
que l'eau commence à bouillir on y met
les cinq pièces de drap : on les fait
bouillir une heure durant, et on les
tire de la chaudière en la manière accoutumée ; et dès qu'ils sont refroidis
on les porte à la rivière pour les faire
laver avec soin.

Remarque.

Il faut remarquer que la dose de ces
sortes de couleurs est toujours selon
la proportion ci-après.

On met pour le bouillon un quart
de livre d'alun par livre d'étoffe, et une
demi-once de tartre.

Et pour la rougie, une demi-livre
de garance par livre d'étoffe.

En suivant cette proportion, et obser-

Part. I.   D

vant les précautions qu'il y a à prendre dans cette opération, on pourra teindre toute sorte de draps et d'étoffes.

Ces draps sont sujets à être tachés ou barrés, de manière qu'on ne s'en apperçoit point qu'après qu'ils sont teints, alors on les change de couleur. Les garances par exemple peuvent être convertis en couleur de roi, de musc, café, cannelle, &c. et on se détermine à leur donner l'une ou l'autre de ces couleurs suivant la nature des taches, y en ayant qui peuvent être couvertes par une couleur, et non par une autre. Mais comme ces changemens supposent qu'on ait connoissance des couleurs dont on va parler, on réserve de les décrire amplement à la fin du Traité de la Teinture des draps; car ce n'est point la partie la moins intéressante d'un Teinturier.

Couleur de roi.

Pour teindre cinq pièces de drap en couleur de roi, il faut faire un bain frais; quand il est un peu chaud, on y passe les cinq pièces de drap pour les y faire bien tremper ; quand ils sont bien pénétrés d'eau, on les sort ; et on les fait refroidir en la manière accoutumée.

On met ensuite dans le bain quarante-cinq livres d'alun, ou neuf livres par pièce, et cinq livres dix onces de tartre, ou dix-huit onces par pièce. Le tout étant fondu, le bain bien pallié et bouillant, on y passe les cinq pièces de drap, on les fait bouillir pendant trois bonnes heures, on les sort ensuite, et dès qu'elles sont refroidies, on les passe sur un bain d'eau chaude pour les laver.

Tandis qu'on les lave, on prépare un nouveau bain dans lequel on jette (dès qu'il est chaud) la décoction de quatre-vingt-dix livres de garance, ce qui se fait ainsi : On prend une ou deux comportes presque remplies d'eau, dans laquelle on met la garance qui est nécessaire pour la couleur ; et quand elle est bien dissoute, on jette l'infusion dans le bain.

On aura en même temps :

1°. Fait bouillir deux heures durant dans une petite chaudière, cinq livres

de bois de Brésil coupé en morceaux
aussi petits qu'il est possible , après
quoi on jettera la décoction dans le bain
en la passant par un tamis.

2°. Fait bouillir aussi cinq livres de
galle bien concassées , ou une livre
par pièce , dans un petit chaudron
pendant deux heures , au bout duquel
temps on verse la teinture dans le bain,
en la passant par un tamis.

Quand toutes ces drogues sont dans
le bain , on le pallie à diverses reprises
pour les bien mêler ensemble , et on
les fait bouillir une heure durant ,
après quoi l'on y met les cinq pièces
de drap : on les fait tourner aussi vîte
qu'on peut au commencement , puis
on les mène doucement pour faire
bouillir le bain l'espace d'une bonne
heure ou cinq quarts-d'heure. On observe pendant ce temps-là de les bien
démêler , mettre au large et enfoncer ;
ensuite on les lève sur la civière , et
on les abat sur le chevalet : on les passe
à bras deux ou trois fois pour les éventer , et on les frise sur le chevalet pour
achever de les laisser refroidir.

On les lave ensuite dans une chaudière d'eau tiède ; et quand ils sont lavés, on prépare un nouveau bain pour les brunir, ce qui se fait de la manière suivante, ou bien on fait la bruniture sur le même bain.

On y jette deux livres de couperose, avec un peu de décoction de bois de Brésil ; lorsque le tout est fondu, et qu'on a bien pallié, on y passe deux pièces de drap seulement à la fois : lorsqu'on voit qu'ils ont la bruniture au degré que l'on veut, ce que l'on connoît en confrontant la couleur avec l'échantillon qu'on veut imiter, on les retire. On jette dans la chaudière deux livres de couperose pour deux autres pièces de drap, et ainsi de suite, tant qu'on a des pièces couleur de roi à brunir.

On envoie ces couleurs au foulon pour les y faire dégorger, avec du savon, de la couleur noire, et les y faire laver, pour que la bruniture ne noircisse point le linge : cela fait, les couleurs sont achevées. Il faut se souvenir que durant qu'on fait ces couleurs, on doit prendre soin de bien enfoncer les draps et de les mettre au large à tout moment en les démêlant, afin que la bruniture et la couleur se donnent uniment. Quand on les sort de la chaudière, on les lève sur la civière, on les abat sur le chevalet, on les évente en les passan: trois à quatre fois, et on les frise sur le chevalet pour les faire refroidir. On a marqué dans les couleurs précédentes les temps destinés pour toutes ces choses-là, à quoi on doit se conformer.

Remarque.

On a accoutumé de mettre toujours de la décoction ou infusion du bois de Brésil avec la couperose pour brunir les draps, parce que la teinture de cette drogue donne à la bruniture un éclat et un lustre qui l'embellit extrêmement. Elle a la propriété encore d'adoucir les laines, et de faciliter ainsi qu'on les file plus fin qu'à l'ordinaire. Cette couleur qui est fausse, employée seule, devient assez bonne par le mélange de l'infusion de la noix de galle et de la couperose qui lui prêtent pour ainsi dire de la glu qui leur est propre pour la fixer au drap.

Tant de belles qualités que la teinture de ce bois possède, doivent faire regretter extrêmement qu'on n'ait pas trouvé jusqu'à présent aucune préparation pour la fixer et la rendre bonne, ainsi que celles de plusieurs autres drogues qui nous viennent de l'Amérique. On doit attribuer le peu de progrès qu'a fait la teinture à cet égard, au soin extrême qu'a pris chaque maître Teinturier de cacher les découvertes qu'il a pu faire. Tout n'est que mystère chez eux; et les couleurs les plus communes se font avec des cérémonies sans nombre, dès que quelque étranger s'y trouve présent. La jalousie est sans bornes entre gens de même métier, mais dans la teinture elle excède. C'est de-là que provient: 1°. que les maîtres Teinturiers ne se communiquent point leurs connoissances et leurs découvertes, qu'on pourroit augmenter si considérablement avec le secours du seul raisonnement. 2°. Qu'ils ont encore moins écrit sur cette matière : c'est le seul moyen de perfectionner les sciences; car une simple découverte qu'on apprendra au public, peut devenir le principe d'un secret de grand prix dans une personne qui ne l'auroit jamais trouvé sans cela. De-là vient donc qu'on n'a pas su trouver encore le moyen de fixer la couleur du bois de Brésil, et autres bois du Nouveau-Monde, ni de l'indigo ; drogues qui donnent des couleurs charmantes par leur beauté, et qui mériteroient bien mieux que beaucoup d'autres qui sont en usage, d'être mises en vogue, si on trouvoit le secret de les fixer.

Si le public daigne recevoir favorablement ces essais qu'on lui donne en forme de supplément du Parfait Teinturier (qui n'a traité des teintures malgré tout ce qu'il peut dire, qu'en maître Teinturier et en ouvrier, c'est-à-dire, en homme jaloux de ses secrets, puisqu'il n'a donné que des recettes des couleurs surannées, et qui ne sont plus d'usage); supposez, dis-je, que le public reçoive favorablement ce supplément, on pourra lui donner dans les suites un essai sur les raisons de la différence des bonnes et des fausses couleurs, et les moyens de les rendre toutes également bonnes. Si on ne donne point un ouvrage parfait, du moins on ébauchera une matière qui ne sauroit être plus intéressante pour le public, tant par rapport à la nouveauté, qu'eu égard à son importance.

Remarque.

On doit observer que les doses qu'on a indiquées pour teindre cinq pièces de drap en couleur de roi, se réduisent à la proportion suivante pour les autres draps, ou pour toute sorte d'étoffe.

1°. Au bouillon, six onces d'alun et trois quarts d'once de tartre par livre d'étoffe.

2°. Pour la rougie, trois quarts de livre de garance par livre d'étoffe ; et sur seize parties de garance, on en met une de bois de Brésil, un peu plus ou un peu moins, selon l'œil qu'on veut donner aux couleurs, avec autant de noix de galle : pour la coupe-rose, on la proportionne selon le degré de bruniture qu'on veut donner au drap ou à l'étoffe.

D 5

Couleur de bleu et ses différentes espèces.

La couleur de bleu est la plus difficile de la teinture, ou pour mieux dire, la seule difficile, et qui, pour être apprise, exige une expérience; la théorie n'en pouvant donner que des idées très-imparfaites.

En effet, cette couleur résulte du mélange du pastel et de la chaux. Ce mélange fermente, et cette fermentation se diversifie en cent manières différentes. Il n'y a qu'une seule manière de fermenter qui peut donner une bonne couleur de bleu, autrement le mélange se corrompt, et la couleur n'est bonne qu'à être jetée. Pour trouver donc ce seul point qu'on peut appeler indivisible, et qui résulte d'une proportion exacte du pastel et de la chaux, on se sert des sens de la vue, de l'odorat et du tact. La fermentation qu'on peut appeler bonne et louable, se distingue par ces trois sens. C'est encore par ce moyen qu'on juge de la qualité de la fermentation, lorsqu'elle n'est pas bonne ; qu'on découvre d'où peut procéder ce mauvais effet, comment on peut y remédier ; la dose de quelle drogue on doit augmenter, et jusqu'à quel point. Or, comment pouvoir connoître toutes ces circonstances sans l'expérience ? Comment les décrire au juste ? C'est la raison pour laquelle on a avancé qu'on devoit regarder cette couleur comme la seule difficile de toute la teinture, et pour laquelle la théorie étoit assez inutile.

Le Parfait Teinturier a voulu décrire cette opération au long. On peut voir ce qu'il en dit, et on jugera sans peine que ses instructions à cet égard sont assez obscures, pour qu'une personne qui n'en auroit pas déjà la connoissance par une expérience antérieure, ne pût jamais les mettre en usage.

On peut reconnoître à présent quel seroit l'avantage de trouver le secret de fixer l'indigo ; car indépendamment que cinq livres d'indigo rendent autant de couleur qu'une balle pesant deux quintaux de pastel de l'Aurageois, qui passe pour être le meilleur ; que par cet endroit la couleur de l'indigo seroit

infiniment à meilleur marché ; que sa
couleur est de beaucoup plus belle :
indépendamment de tous ces avantages, dis-je, c'est que cette couleur est
facile à faire, en sorte que sur la recette qu'on pourroit en donner, une
personne curieuse qui n'auroit jamais
su ce que c'est que teinture, et qui
néanmoins voudroit s'en faire un amusement, en faisant des expériences en
petit dans son cabinet, pourroit la
composer et en venir à bout comme
le plus habile maître ; et de-là il pourroit faire toutes sortes de couleurs,
les autres étant faciles et immanqua-
bles, en suivant les recettes qu'on
donne dans cet ouvrage. Il n'y auroit
donc rien de si important que de trouver le moyen de fixer l'indigo ; et c'est
à quoi on seroit déjà parvenu, et où
l'on parviendroit en peu de temps, si
la jalousie qui règne entre les maîtres
Teinturiers, et si le mystère qu'ils font
de leurs secrets, ne les empêchoient
point de se les communiquer les
uns aux autres, et de les donner au
public. Au surplus quoique l'indigo
fasse une couleur de bleu en fausse

teinture , cette drogue fait toujours
une couleur : ainsi un curieux qui voudroit se faire un amusement des teintures, qui ne feroit des couleurs qu'en
philosophe , que pour reconnoître la
diversité de leur mélange , les effets
différens des diverses drogues qu'on y
emploie , &c. ce curieux , dis-je , feroit bien de faire les couleurs de bleu
dont il pourroit avoir besoin , avec le
seul indigo sans le pastel ; puisqu'outre
la facilité qu'il trouveroit à faire cette
couleur , et le contentement qu'il se
procureroit , il lui seroit encore assez
indifférent que les couleurs composées
qu'il pourroit faire , se trouvassent
fausses ou non. Or , pour faire de ces
couleurs de bleu avec l'indigo , on peut
consulter le Teinturier Parfait , qui
en donne des recettes différentes. On
n'en fait pas mention ici , pour ne rien
dire qui ne soit nouveau.

Pour revenir à la couleur bleue qui
se fait avec le pastel , supposons que le
mélange ayant réussi , la cuve qui le
contient puisse être travaillée. Voici
d'abord les différentes nuances , ou du
moins les principales qu'on peut en tirer.

Le bleu d'enfer, ou bleu turquin.

Le bleu de roi.

Le bleu d'azur.

Le bleu de ciel.

Et le bleu blanc ou déblanchi.

Il y a entre ces cinq nuances, d'autres degrés de couleur; mais pour la teinture des draps dont il s'agit, on ne fait guère d'autre distinction. On avertit seulement que quand pour une couleur composée il faudra une nuance de bleu plus forte, par exemple, que le bleu de ciel, mais un peu moins que le bleu d'azur, on se contentera de dire que, pour faire une telle couleur, il faut une nuance de bleu plus foncée que le bleu de ciel, et ainsi du reste.

Pour teindre un drap en bleu, on met au fond de la cuve un cerceau entrelacé de cordes en forme de cribles, pour contenir le pastel qui est au fond, puis deux ouvriers prennent le bout d'un drap par les deux lisières alternativement, c'est-à-dire, qu'un ouvrier le met ainsi dans la cuve en entier; alors l'autre ouvrier le prend par le bout opposé, et à mesure qu'il tire une partie du drap, il l'enfonce dans la cuve de son côté; car ils se placent vis-à-vis l'un de l'autre. Quand il a tiré ainsi tout le drap, en se servant pour cet effet de deux pinces de fer arrondies par le bout, le premiér ouvrier le tire à son tour de son côté d'un bout jusqu'à l'autre, et ainsi alternativement une demi-heure ou trois quarts-d'heure durant : alors ils cessent ; et à mesure qu'ils sortent le drap, ils le tordent, et expriment ainsi la teinture ou l'eau teinte dont le drap est pénétré, qui retombe dans la cuve.

Ce drap teint, on le porte au foulon, où on le lave avec un peu de savon pour le nettoyer et empêcher que quand on le porte, il ne décharge sa couleur de bleu sur le linge. Un drap ainsi teint, est ce qu'on appelle en termes de teinture, empasteler un drap ; définition dont il faut bien se souvenir, puisqu'on l'emploiera en différentes occasions. On dira donc empasteler un drap en bleu de roi, ou bleu d'azur, &c

Lorsqu'on a fait sur une cuve des bleus d'enfer, la teinture qui y reste est plus claire, et alors on n'y fait que des bleus de roi. A mesure qu'on y teint un plus grand nombre de draps, la teinture devenant plus légère, on ne peut y faire que des couleurs plus claires.

Un Teinturier a ordinairement quatre ou cinq cuves à différens degrés, pour être en état de teindre en toute sorte de nuances toutes les fois qu'il en est besoin; mais quand une cuve ne fait plus que des bleus déblanchis, et qu'il veut y faire des bleus plus foncés, il fait remplir la cuve d'eau pour remplacer la perte qu'elle en a faite quand on a teint des draps; et puis il y met de nouvelles drogues, sur-tout de l'indigo (car quoique la couleur soit fausse, on le mélange néanmoins avec le pastel, et la couleur est assez bonne); et c'est ce qu'on appelle regarnir une cuve. Il est aisé de comprendre que le plus ou le moins de drogues la regarnit à une nuance plus ou moins foncée; on va décrire comment on regarnit une cuve de couleur de bleu déblanchi en couleur bleu de ciel, qui est la nuance dont on se sert le plus souvent; et par-là on jugera de la manière de regarnir dans toutes les autres nuances.

Manière de faire réchauffer une cuve, et de la regarnir.

On fait couler par le moyen des tuyaux (dont on a provision dans une teinture) toute l'eau ou la couleur d'une cuve dans une chaudière de cuivre, sous laquelle on fait grand feu pour la faire bouillir pendant trois heures. Après ce temps - là on laisse refroidir et reposer la couleur bleue ou l'eau teinte en bleu pendant l'espace de neuf à dix heures ; pour lors on la visite pour voir quelle est la couleur. Si la couleur est noire, comme lorsqu'on l'a passée de la cuve à la chaudière, et qu'ainsi elle n'ait pas changé de couleur, on la jette, car elle ne vaut plus rien.

Si au contraire elle est rousse, c'est une marque qu'elle peut encore servir ; on y met quatre livres d'indigo gatimalo, ou autre de pareille qualité, après l'avoir fait fondre et préparer, comme on le dira ci après, et la couleur qui ne faisoit que des bleus déblanchis, fait alors des bleus de ciel.

Si on veut une nuance de bleu d'a-
zur, il faut y mettre six livres d'indigo,
et davantage à proportion qu'on desire
d'avoir une nuance plus foncée. Quand
on a teint un assez bon nombre de
draps, et que la couleur s'est affoiblie
de nouveau, on la réchauffe et regarnit de même, tant que la couleur de
l'eau se trouve rousse quand on l'a fait
bouillir et reposer.

Manière de préparer l'indigo quand on veut regarnir une cuve.

On se sert d'une petite chaudière
qu'on remplit d'eau, dans laquelle on
jette donc dix livres de garance fine,
et autant de cendres gravelées; on fait
bouillir le tout pendant une demi-heure, après quoi on ferme la porte du
fourneau, afin d'éteindre le feu.

La garance et la cendre se précipi-
tent au fond de la chaudière, c'est-à-
dire, le marc de ces drogues; et quand
le bain est clair on le vide dans une
autre petite chaudière, si on en a, ou
dans une espèce de cuve, afin d'ôter le
marc qui est au fond de la chaudière,

de la nettoyer et d'y remettre le bain.

On y fait du feu une seconde fois, et on jette dans le bain vingt livres d'indigo. Il faut que le feu ne soit pas trop violent, et qu'il augmente modérément par degrés, jusqu'à ce que le bain soit prêt à bouillir, ce qu'on empêche, en y jetant de temps en temps de l'eau dans laquelle on a dissous de la chaux vive. La chaleur du bain dissout l'indigo ; et pour empêcher qu'il ne s'attache à la chaudière, on doit pallier le bain presque sans cesse, jusqu'à ce que tout l'indigo soit entièrement fondu. On se sert de cette teinture pour regarnir les cuves, et on y en met à proportion qu'on veut teindre plus de draps, et en une nuance plus foncée.

Voilà tout ce qui regarde la couleur de bleu ; avant que de donner la préparation de la couleur jaune, qui est une autre couleur simple, et les couleurs composées qui en résultent, il est bon de donner la connoissance de celles qui se forment de la couleur bleue et de la couleur rouge que fait la cochenille. Pour cet effet on va commencer par la couleur de pourpre.

Couleur de pourpre.

Cette couleur si renommée chez les anciens, étant perdue pour nous, on a tâché d'y suppléer avec le secours de la cochenille. Pour cet effet, on a fait l'écarlate, qui selon les uns est la véritable pourpre de Tyr, ou la plus approchante, et on a trouvé celle à qui proprement on a donné le nom de pourpre.

La première préparation qu'on donne aux draps qu'on destine pour cette couleur, c'est de les teindre en bleu à quelques nuances au-dessus du bleu de ciel, c'est-à-dire, qu'ils soient un peu plus foncés, mais pas tant que les bleus d'azur. Cette teinture étant donnée, on les envoie au foulon pour les faire dégorger, comme on dit, et laver parfaitement.

Quand les draps sont de retour du foulon, on prépare un bain frais pour les faire bouillir. Pour cinq pièces de drap on y mettra trente livres d'alun de Rome et trois livres douze onces de tartre rouge ; le tartre doit être bien

pilé et bien tamisé. Quand ces drogues
seront fondues, on palliera fortement
le bain, et on y mettra les cinq pièces
de drap. On fera un bon feu, afin
d'entretenir le bain à gros bouillons
pendant quatre heures consécutives.
Durant ce temps-là on ne manque point
de bien élargir, démêler et enfoncer
les draps. Le bouillon étant fini, on
lève les draps sur la civière, et on les
abat sur le chevalet; on les évente, on
les frise, et on les fait ainsi refroidir.

On prépare deux bains frais, l'un
pour y laver les draps dans de l'eau
tiède, et les y faire bien tremper;
l'autre pour y faire la couleur.

Ce dernier commençant à être chaud,
on prépare les cinq pièces de drap à
pouvoir être mises dans la chaudière,
en les cousant les unes aux autres avec
de la ficelle, et l'on en passe une sur
la civière, afin d'être prêt de les jeter
dans le bain. Cependant l'eau du bain
s'échauffe; et quand elle est prête à
bouillir, on y délaye sept livres et demie de cochenille bien pulvérisée et
tamisée. On la laisse fondre pendant
quelque temps, ensuite on pallie for-

tement et à diverses reprises, et on jette les draps dans la chaudière ; on leur fait faire plusieurs tours extrêmement vîte, après quoi on les mène un peu plus doucement. On les fait bouillir pendant une bonne heure, et on les lève en la manière accoutumée. On les fait laver simplement, et la couleur est faite.

Remarque.

Il faut observer en premier lieu, que les doses de cette couleur se réduisent à celles-ci pour toutes sortes de draps et d'étoffes.

Alun de Rome, pour le bouillon, un quart de livre par livre d'étoffe.

Tartre, une demi-once pour livre d'étoffe.

Cochenille, une once par livre d'étoffe.

Au moyen de quoi, et en observant les circonstances qu'on vient de décrire, on pourra teindre tout ce que l'on voudra, en grand ou en petit, avec toute sorte de succès.

En second lieu, qu'on n'emploie

point de composition dans cette couleur, à cause qu'elle dégraderoit la couleur bleue, ce qui rendroit le pourpre une très-vilaine couleur. En sorte que la cochenille ne donne qu'une couleur rouge, vineuse, sans cet éclat orangé, ce feu que la composition lui donne. C'est assurément un grand dommage, ou que la composition soit incompatible avec la couleur bleue, ou que la cochenille n'ait pas naturellement la couleur de feu et orangée que lui donne l'eau-forte; dans un de ces deux cas on peut dire que le pourpre seroit une couleur magnifique et digne d'être comparée à celle de Tyr. Car si maintenant elle est une couleur modeste, belle, riche, quelle beauté n'auroit-elle point si la cochenille lui donnoit la couleur de l'écarlate!

Le bois de Brésil feroit encore une belle couleur pourpre, si celle qu'il donne étoit bonne; mais étant fausse, on ne s'en sert que pour les petites étoffes, auxquelles il donne des couleurs de pourpre fort belles.

L'orseille fait encore des pourpres magnifiques, c'est une couleur des plus brillantes; et cette drogue a encore une propriété singulière, qui est que pour tant qu'un drap soit taché, elle couvre parfaitement toutes les taches, et les rend unis comme un miroir. Il est bien dommage que la beauté ne se trouve point avec la bonté. Le Brésil et l'orseille sont les deux drogues, de toutes celles qu'on emploie à la teinture, qui font les plus belles couleurs, et cependant elles sont prohibées à cause de leur fausseté. N'a-t-on donc pas eu raison de dire qu'il seroit à souhaiter que des habiles gens pussent s'initier dans les secrets de la teinture, pour tâcher de trouver des moyens de fixer les couleurs fausses ?

Violet cramoisin.

Pour faire cette couleur, on commence à mettre les draps en bleu de roi; après qu'ils ont reçu cette préparation, et qu'ils ont été lavés au foulon, on prépare un bain frais pour les faire bouillir.

Pour cinq pièces de drap, on y mettra 35 livres d'alun de Rome,

ou

ou sept livres par pièce, et quatre livres six onces de tartre rouge, ou quatorze onces par pièce. Le tartre doit être bien pilé et tamisé avant que d'être mis dans la chaudière.

Ces drogues étant fondues et le bain pallié, on y mettra les cinq pièces de drap. On fera un bon feu pour faire bouillir le bain à grands traits quatre heures durant, en observant de faire bien déméler, enfoncer et mettre au large à tout instant les cinq pièces de drap, pour que le bouillon se donnant également sur la superficie de tous les draps, les couleurs en soient unies. Le bouillon ayant duré quatre heures, on lève les draps sur la civière, d'où on les abat sur le chevalet. On les évente à plusieurs reprises, on les frise ; on les laisse refroidir.

On prépare deux bains frais, l'un pour y laver les draps dans l'eau tiède, l'autre pour y faire la couleur.

On fait bon feu sous ce dernier ; et l'eau étant prête à bouillir, on y délaye sept livres et demie de cochenille, ou une livre et demie par pièce ; après qu'elle y a demeuré quelques

Part. 1.   E

momens, on pallie le bain avec un grand soin, et on y met les cinq pièces de drap. On les fait bouillir à grands traits pendant une heure, après quoi on les lave en la manière ordinaire, et la couleur se trouve faite.

Remarque.

Les doses des violets cramoisins sont un peu plus fortes pour le bouillon que les pourpres. Ainsi si on veut faire de ces couleurs, on observera de mettre au bouillon,

Un peu plus d'un quart de livre d'alun par livre d'étoffe.

Un peu plus d'une demi-once de tartre par livre d'étoffe.

La dose de la cochenille est la même, c'est-à dire, une once par livre d'étoffe.

On n'emploie point non plus de composition dans cette couleur par les raisons qu'on a données à l'article des pourpres.

Couleur de lilas.

.Les lilas doivent être empastelés à la nuance.de bleu d'azur , et puis être lavés au moulin foulon.

Pour les bouillir , on prépare un bain frais qu'on fait chauffer , et dans lequel on dissout pour cinq pièces de drap, vingt livres d'alun , ou quatre livres par pièce. Le bain étant bien pallié et prêt à bouillir , on y fait entrer les draps, et on les y tient pendant quatre heures de suite , en les faisant tourner continuellement sur la civière , et bouillir à grands traits , en les démêlant , en les mettant au large, en les enfonçant avec soin et toujours vers le centre de la chaudière ; enfin on les lève sur la civière , on les abat sur le chevalet , on les évente et on les fait refroidir.

On prépare ensuite deux bains frais, l'un pour y laver les draps dans l'eau tiède , l'autre pour y faire la couleur.

Quand ce dernier est prêt à bouillir, on y délaye une livre un quart de cochenille et autant de tartre , le tout bien pilé et tamisé. Quand ces drogues sont bien fondues, on fait pallier fortement, et on met dedans les cinq pièces de drap; on les fait tourner assez vîte dès le commencement, et puis on se rallentit. On fait bouillir le bain pendant une bonne heure, après quoi on tire les draps, on les évente, on les fait refroidir, et la couleur est faite.

Remarque.

Les doses du lilas pour toute sorte de draps d'étoffe, se réduisent :

A un sixième de livre d'alun par livre d'étoffe.

A une once de cochenille et autant de tartre par chaque six livres d'étoffe.

Couleur de lilas faite à la suite d'une rougie dans laquelle on a teint cinq pièces en couleur pourpre, ou violet cramoisin.

Lorsqu'on a de ces dernières couleurs à faire, on destine plusieurs draps pour faire des lilas, afin de profiter des suites. Pour cet effet on fait empasteler

les draps et bouillir comme on vient
de le décrire. Etant ainsi prêts, on n'a
pas plutôt sorti les pourpres ou les violets cramoisins du bain, qu'on y verse
de l'eau pour le remplir, et qu'on fait
bon feu pour le faire bientôt bouillir.

Dès que le bain est au point de
bouillir, on y délaye une demi-livre
de cochenille et autant de tartre, bien
pilés et tamisés ; après avoir fait bien
pallier, on y fait entrer les draps et
bouillir pendant une bonne heure,
en observant les circonstances qui accompagnent cette opération.

*Couleur de lilas faite également à la
suite des pourpres et des violets
cramoisins sans y mettre de la cochenille.*

On prépare deux pièces de drap
qu'on fait mettre en bleu d'azur, et
qu'on fait bouillir à l'ordinaire ; et
lorsque les pourpres ou les violets cramoisins sont sortis du bain, on met
sur-le-champ les draps préparés pour
lilas ; on les fait bouillir pendant une
heure, et la couleur est faite.

E 3

Couleur d'ardoise.

Pour faire cette couleur, on met les draps en bleu de ciel, et après qu'on les a fait laver au foulon, on prépare un bain frais pour les faire bouillir; c'est ce que l'on fait, en y mettant deux livres d'alun par pièce, ou dix livres pour cinq pièces. Cet alun étant fondu, et le bain bien pallié, on y fait entrer les draps, et on les y fait bouillir pendant trois ou quatre heures. Ensuite on les retire pour les faire refroidir, en observant de prendre pendant cette opération les précautions dont il a été fait mention dans les bouillons des couleurs précédentes.

On lave les draps sur un bain d'eau tiède, et on en prépare un frais pour la cochenille. On y en met dix onces et autant de tartre, ou deux onces de chacun par pièce; on y fait entrer ensuite les cinq pièces de drap, et on fait bouillir le bain pendant une bonne heure; on retire les draps, et on les fait refroidir et laver.

Couleur d'ardoise faite à la suite d'une rougie dans laquelle on a teint cinq pièces en lilas.

On fait ordinairement autant de couleurs d'ardoise que de celles de lilas ; c'est pourquoi, afin de profiter des suites de ces derniers, et épargner la cochenille, on a le soin d'arrêter les draps qu'on destine pour ardoise, en les faisant mettre en bleu de ciel, laver et bouillir de la manière qui a été indiquée.

Dès que les lilas sortent du bain, on remplace avec de nouvelle eau celle qui s'est dissipée, ou que les lilas ont emportée ; on fait bon feu, et dès que l'eau est prête à bouillir, on y délaye une demi-livre de cochenille et autant de tartre ; ensuite on y met les draps, on les fait bouillir pendant une bonne heure ; après quoi on les retire, on les fait refroidir, laver, &c.

Couleur d'ardoise sans cochenille, faite à la suite des lilas.

On fait mettre en bleu de ciel et bouillir en la manière accoutumée deux ou trois pièces de drap; et quand les lilas sont sortis du bain, on y met les draps destinés pour ardoise, on les fait bouillir pendant une heure, on les retire, &c.

Remarque.

Les doses des ardoises qu'on fait sur un bain frais, et non à la suite d'aucune autre couleur, ces drogues, dis-je, sont, selon la proportion suivante :

Alun, une once un quart par livre d'étoffe.

Tartre et cochenille, la seizième partie de l'alun ; au moyen de quoi on peut teindre en cette couleur toute sorte de draps et d'étoffes.

Avant que de passer à la couleur jaune il est bon d'observer que tous les draps qu'on teint en bleu pour demeurer en bleu, reçoivent très-souvent une préparation pour leur donner un certain lustre ou coup d'œil gracieux ; cette préparation, qu'on nomme avivage, se fait ainsi.

Avivage pour les couleurs de bleu.

On coupe cinq ou six livres de brésil en petits morceaux, on les met dans une petite chaudière remplie d'eau, dans laquelle on les fait bouillir pendant deux heures.

Durant ce temps-là on prépare un bain frais ; et quand l'eau est tiède, on y trempe les draps bleus qu'on veut aviver ; étant bien pénétrés d'eau, on les retire, et on met dans le bain, de l'eau de la petite chaudière, ou de la teinture de brésil, avec un seau. On fait bien pallier le bain, et on y met les draps. Quand ils sont à la nuance qu'on souhaite, on les retire. Que si la teinture de brésil qu'on a mêlée dans le bain, n'est pas assez forte pour donner aux draps la nuance qu'on se propose, on les retire, on y remet de nouvelle eau, et on passe encore les draps dans le bain , jusqu'à ce qu'ils soient au point qu'on les desire.

Couleur jaune et ses différentes espèces.

Cette couleur pouvant avoir différentes nuances , ainsi que le bleu et le rouge , pourroit être divisée en plusieurs espèces ; mais comme elle n'est pas à la mode en Europe , et fort peu en Turquie , on ne s'en sert ordinairement que pour les couleurs composées , comme les verds , les cannelles, musc , etc. Cependant comme les jonquilles , qui sont la couleur la plus foncée des couleurs jaunes , sont quelquefois demandés dans les Echelles du Levant , ainsi que la couleur de soufre , qui est la nuance la plus foible du jaune , on va en donner la composition.

Jaune jonquille.

Pour teindre cinq pièces de drap en jaune jonquille, on fait un bain frais ; on prend trente livres d'alun de Rome , et trois livres trois quarts de tartre bien pulvérisé et tamisé , qu'on jete dans le bain pour les y dissoudre. On attend que la chaleur de l'eau ait opéré cet effet , pour faire pallier plusieurs fois de suite. On y met les cinq pièces de drap , et on les fait bouillir l'espace de deux heures , pendant lequel temps on fait bien démêler , mettre au large, et enfoncer la mise (c'est ainsi qu'on appelle tous les draps qu'on teint à la fois) ; au bout de ce temps - là on tire les draps , on les évente, on les fait refroidir et on les fait laver.

Gaudage.

On prépare un nouveau bain dans lequel on met au fond de la chaudière trente-huit livres de gaude empaquetée dans un sac , pour qu'elle ne se répande point dans le bain , et qu'elle n'occupe dans la chaudière un trop grand espace; un ballot ou paquet de racine de noyer , et un demi-quintal de bois jaune. On fait prendre cinq ou six bouillons au bain, après quoi on n'augmente plus le feu , parce qu'il ne faut point que le bain bouille dans le temps qu'on y met les draps, ou du moins il faut que ce soit très-modérément. On y passe les draps, on les y laisse pendant une demi-heure, et on les en retire. Si après être refroidis la couleur ne se trouve point à la nuance que l'on souhaite, on remet les draps dans la chaudière, et on ne les en retire que quand on juge qu'ils sont parvenus au degré qu'on les desire.

Remarque.

Il faut observer qu'au lieu de trente-huit livres de gaude, les Teinturiers n'en mettent qu'une partie, comme qui diroit dix-huit livres, et suppléent aux vingt livres restantes, en y mettant une plus grande quantité de ginestrolle, qui est une herbe qui teint aussi en jaune; mais elle rend les draps ou étoffes qu'elle teint extrêmement rudes, ce qui cause un grand préjudice à la qualité des draps, la faisant paroître beaucoup plus inférieure qu'elle ne l'est; aussi les Teinturiers ne s'en servent - ils qu'en cachette, et à l'insu des fabriquans qui les font travailler.

Il faut observer encore qu'on met sur la gaude , quand on la place au fond d'une chaudière , une croix de bois qu'on assujettit avec une vis , afin de contenir la gaude au fond de la chaudière , après quoi on la remplit d'eau pour faire le gaudage.

On observera enfin que la proportion des drogues pour le jaune le plus foncé , est celle-ci :

Pour le bouillon des draps , il faut d'alun un quart de livre par livre d'étoffe ; de tartre , demi-once par livre d'étoffe.

Pour le gaudage :

Cinq livres de gaude par livre d'étoffe , vingt pour cent de plus de bois jaune coupé en éclats , comme on fait du fustel , et mis dans un sac ; vingt pour cent , dis-je , de plus que de gaude.

Pour les nuances qui sont comprises entre la couleur de jonquille et celle de soufre , on n'en parlera point :

1°. Parce que ces couleurs ne sont pas en usage.

2°. Parce qu'on aura occasion d'en parler dans les couleurs composées , dont on donnera dans un moment les recettes. On va donc finir l'article du jaune par la couleur de soufre.

Couleur de soufre.

Lorsqu'on a des jaunes jonquilles à faire, on fait bouillir cinq pièces de drap qu'on destine en couleur de soufre de la manière suivante.

On prend quinze livres d'alun de Rome, et trente livres de tartre bien pulvérisés et tamisés qu'on jete dans un bain frais qui commence à être chaud. On les y fait dissoudre, et ensuite on pallie bien, on y passe les cinq pièces de drap pour les y faire bouillir pendant deux heures. On les retire, on les évente, on les fait refroidir et laver. Lorsque les jonquilles sont sortis de la chaudière, on la remplit et on la fait bouillir pour tirer le reste de la teinture de la gaude ; on y passe ensuite les cinq pièces destinées au soufre, on les y laisse pendant une heure, et on les retire, et la couleur se trouve faite.

Remarque.

On observera que les doses des drogues qui entrent dans le bouillon des
soufres, sont par moitié moins fortes
que celles qu'on emploie pour les jonquilles.

On observera encore qu'il y a des
Teinturiers qui retranchent du bouillon de toutes les couleurs de jaune, de
quelque espèce qu'elles soient, le tartre, se contentant d'y employer l'alun:
on pourra donc se régler là-dessus selon sa fantaisie.

DES COULEURS COMPOSÉES.

*Des ardoises, gris de rat et be-
lettes, avec leurs différentes
espèces et dénominations.*

Ardoise.

Si l'on prend pour cette couleur cinq
pièces de drap, on doit les faire empasteler en couleur de bleu de roi,
c'est-à-dire, à la nuance de bleu de roi;

ensuite on les fait porter au foulon pour y être dégorgées et lavées à l'ordinaire.

On prépare un bain frais, et quand l'eau est chaude, on y passe dessus les cinq pièces de drap, afin que l'eau les pénètre ; quand elles sont dehors, on y met deux livres de fustel par pièce, ou dix livres ; une demi-livre par pièce de noix de galle, ou deux livres et demie : et vingt livres de garance, ou quatre livres par pièce.

On doit observer qu'à l'égard de la garance, on la fait infuser dans une comporte pleine d'eau, dans laquelle on jette un morceau de chaux pour aider la fermentation.

Et qu'à l'égard de la noix de galle, après qu'on l'a écrasée en petits morceaux, on la met dans une petite chaudière, où on la fait bouillir pendant quelque temps.

Que la teinture de ces deux drogues est ce qu'on met dans la chaudière où l'on veut teindre en belette, en la passant par un tamis, pour que le marc de ces deux drogues ne tombe point dans la chaudière.

Enfin que le fustel est toujours mis dans un sac.

Quand ces teintures de la garance et de la noix de galle sont dans le bain; teintures qu'on n'y met encore qu'a-près que le fustel y a bouilli deux heures ; quand on y a mis, dis-je, ces deux teintures , on fait bouillir le bain pendant une demi-heure, et on le pallie plusieurs fois. On y passe les cinq pièces de drap qu'on fait bouillir pen-dant une heure , en observant à l'ordi-naire de faire démêler , élargir et en-foncer les draps. On les lève ensuite , on les évente et on les fait refroidir.

Tandis que les draps prennent la couleur, on prépare dans une petite chaudière une petite bruniture qu'on leur donne. Pour cet effet on y jette dix livres de couperose , avec deux ou trois livres de brésil coupé en éclats et mis dans un sac , et on fait bouillir le tout pendant une bonne heure.

Lorsque les draps sont sortis de la chaudière après avoir été teints , on y jette un ou deux seaux d'eau bru-nie de la petite chaudière, ensuite de quoi on fait bien pallier , et on y passe

deux pièces de drap. Dès qu'elles sont
à la nuance de bruniture qu'on les veut,
on les retire; si au contraire le bain ne
peut les brunir autant qu'on le veut ,
on les en retire toujours ; on y remet
quelques seaux d'eau de la petite
chaudière ; et après avoir pallié le
bain , on y remet les draps.

Ces deux premières pièces étant
brunies, on verse dans le bain quelques
seaux d'eau brunie de la petite chaudière pour en brunir deux autres, en-
vers lesquelles on observe ce qui vient
d'être dit à l'égard des deux premières; et ainsi successivement tant qu'on
a de nouvelles pièces de drap à brunir;
ensuite on les fait laver avec soin.

Remarque.

Les doses de cette couleur pour
toute sorte de drap ou d'étoffe , sont
selon la proportion suivante :

Fustel une once et demie par livre
d'étoffe , noix de galle la quatrième
partie de la dose du fustel.

Garance , trois onces par livre d'é-
toffe.

Pour ce qui regarde la bruniture, par l'explication qu'on a donnée de la manière de s'en servir, il est aisé de reconnoître qu'on peut la donner au degré que l'on veut.

Ardoise plus vive et plus foncée.

On fait empasteler les cinq pièces de drap en une nuance de bleu, au-dessus du bleu de roi ; on les porte au foulon pour les y nettoyer et laver.

On prépare un bain frais; l'eau étant chaude, on y fait tremper les cinq pièces de drap qu'on retire ensuite pour y mettre la décoction de trente livres de garance, ou six livres par pièce, et de cinq livres de bois de Brésil, pour donner un œil vif à la couleur, et la teinture de trois livres trois quarts de noix de galle. On a expliqué à la couleur d'ardoise précédente, la manière de faire ces décoctions; ainsi on y renvoie le lecteur. On fait bouillir le bain pendant une heure, après quoi on y met les draps qu'on fait bouillir pendant une autre heure.

On prépare en même temps la bruniture dans la petite chaudière, en y mettant cinq livres de couperose, ou une livre par pièce; et l'on s'en sert quand la couleur est faite, de la même manière qu'on l'a expliqué.

Remarque.

On doit remarquer que cette couleur d'ardoise doit avoir l'œil rougeâtre, tirant un peu sur le brun, parce qu'on a retranché le fustel qui y donne une couleur jaune dorée, et qu'on a augmenté la garance. Mais le fond du bleu étant beaucoup plus foncé, la couleur rougeâtre ne doit pas se faire distinguer, mais confondue dans toutes les autres, elle contribue à rendre le tout (ou la couleur composée qui résulte du mélange de ces différentes couleurs) beaucoup plus foncée, plus gaie et plus vive.

Les doses de cette espèce d'ardoise pour toutes sortes de draps et d'étoffes de laine, doivent se donner selon la proportion suivante.

Garance, quatre onces à quatre onces et demie par livre d'étoffe.

Bois de Brésil , le sixième du poids de la garance.

Presqu'autant de noix de galle que de bois de Brésil , c'est-à-dire le quart moins , ou de quatre parties les trois.

Couperose , deux onces à deux onces un quart par livre d'étoffe.

Ardoise sans être empastelée.

Quand on a à teindre cinq pièces de drap en cette couleur , et qu'on n'y veut point donner un fond de couleur bleue, on prépare deux bains, l'un pour y faire bien tremper les draps dans de l'eau tiède, l'autre pour y faire la couleur.

Avant que de remplir la chaudière pour ce dernier, on y met au fond six livres de gaude , sur laquelle on pose une croix attachée par une vis, afin de la contenir; on remplit la chaudière, et on y fait du feu. On y jette dedans un sac , dans lequel on aura mis douze livres de campêche neuf, autant de bois de Brésil, six livres de bois jaune, le tout coupé en petits morceaux. On fait bouillir le bain pendant deux bonmes heures ; après qu'on y a mis les draps , on ne manque pas de les bien démêler , mettre au large et enfoncer.

Tandis que les draps bouillissent , on remplit une comporte d'eau , dans laquelle , à l'aide d'un morceau de chaux qu'on y a fait dissoudre , on fait infuser sept livres et demie de garance, ou une livre et demie par pièce.

Dans le même temps on concasse trois livres trois quarts de noix de galle, qu'on fait bouillir dans une petite chaudière pour en emporter tous les sels.

Dès que les draps ont bouilli pendant deux heures , on les enlève sur la civière ; de-là on les abat sur le chevalet , on les évente et on les frise. En même temps on fait remplir la chaudière , et on augmente le feu. Cela étant fait , et le bain commençant à chauffer , on y verse l'infusion de la garance et la décoction de noix de galle, en passant l'une et l'autre par un tamis, pour empêcher les féces d'y tomber. On pallie fortement et à diverses reprises ; après cela on y remet les cinq pièces de drap qu'on y fait bouillir deux heures durant.

Pendant ce temps - là on remplit d'eau une petite chaudière, sous laquelle on fait du feu pour y dissoudre dix livres de couperose, qu'on destine pour la bruniture des draps.

Lorsqu'ils ont donc bouilli l'espace de deux heures, on les retire, on les évente, on les fait refroidir en la manière accoutumée ; sur le bain qui reste, on y verse quelque seaux d'eau brunie de la petite chaudière, à mesure et à proportion de ce qu'il y en a. On y passe deux draps ; quand ils sont brunis, levés, &c. on remet de nouvelle eau brunie pour de nouveaux draps ; le tout se fait en la manière ordinaire.

Remarque.

Les doses de cette espèce d'ardoise se réduisent pour toute sorte de draps et d'étoffes de laine, à la proportion suivante, ou environ :

Gaude, pour cinq livres pesant d'étoffe, quatre onces.

Autant de bois jaune.

Campêche neuf, pour cinq livres

d'étoffe , huit onces , ou une demi-livre.

Bois de Brésil autant que de campêche.

Garance, cinq onces pour cinq livres d'étoffe , ou une once par livre d'étoffe.

Noix de galle , une demi-once par livre d'étoffe.

Couperose , deux onces par livre d'étoffe, plus ou moins.

Il faut remarquer que ces sortes d'ardoises qui n'ont pas le pied de pastel , ne se conservent pas si long-temps que les couleurs à qui on l'a donné.

Couleur de gris de rat empastelé.

Les draps qu'on destine à cette couleur doivent être empastelés en bleu d'azur ; cette préparation donnée , et après qu'ils ont été lavés , on prépare un bain frais dans lequel on jette un sac rempli de fustel en éclat, du poids de quinze livres , ou trois livres par pièce.

On fait dans le même temps dans une

une comporte pleine d'eau, l'infusion de douze livres et demie de garance fine, ou de deux livres et demie par pièce; et dans une petite chaudière la décoction de trois livres trois quarts de noix de galle, ou de trois quarterons par pièce. On verse dans le bain et l'infusion et la décoction, en la passant par le tamis. L'on brouille le bain en le palliant à diverses reprises.

L'on y met les cinq pièces de drap (qu'on aura dû, par parenthèse, faire tremper dans le bain pendant un quart d'heure avant que d'y mettre les drogues) et on les fait bouillir pendant deux bonnes heures, en les tournant sans cesse au moyen de la civière à laquelle ils sont suspendus. On les fait bien démêler, mettre au large et enfoncer; et enfin on les lève, on les abat sur le chevalet, on les évente et on les fait refroidir.

Pendant que les draps sont dans le bain à bouillir, on remplit d'eau une petite chaudière pour la bruniture dans laquelle on fait fondre et bouillir deux livres et demie de couperose,

ou seulement une demi-livre par pièce,
pour embellir la couleur.

Les draps étant sortis du bain et
refroidis, on y met quelques seaux
d'eau brunie pour y passer les draps
de deux pièces en deux pièces, le tout
en la manière expliquée ci-dessus.

Première remarque.

La proportion de ce gris de rat pour
toute sorte de draps et d'étoffes est
celle-ci. Deux onces de fustel par
livre de drap.

Une once et un quart et un peu
plus de garance fine aussi par livre
d'étoffe.

Une demi-once ou environ de noix
de galle.

Et un peu moins de couperose.

Seconde remarque.

L'ardoise et le gris de rat sont, à proprement parler, la même couleur, mais
dans des nuances différentes; celle-là
doit être foncée, celle-ci claire. De-là:

1°. Le pied du pastel du gris de

rat est plus clair que celui de l'ardoise, celle-ci ayant eu un bleu de
roi, et celui-là un bleu d'azur.

2°. La dose du fustel est plus grande
dans le gris de rat que dans l'ardoise,
parce que cette drogue fait une couleur jaune et vive, qui éclaircit le
fond du pastel, et rend par conséquent le gris de rat moins foncé.

3°. On diminue la dose de la garance, parce qu'elle rend aussi la
couleur moins foncée.

4°. Par la même raison, on n'y
met que fort peu de bruniture, et
quelquefois même on n'y en met
point du tout.

Couleur de gris de rat fort clair.

On fait toujours empasteler en la
nuance de bleu d'azur, et on fait laver les draps.

Puis on fait chauffer un bain frais,
et on y met tremper les draps un quart-
d'heure. Les ayant retirés, on y jette
un sac où l'on a mis sept livres et demie de fustel coupé en éclats, ou une
livre et demie par pièce ; un autre sac

avec cinq livres de bois jaune coupé de la même manière, et un troisième avec autant de bois de Brésil.

Dans le même temps, on fait une infusion de cinq livres de garance dans une comporte, et la décoction de cinq livres de noix de galle, ou d'une livre par pièce de l'une et de l'autre drogue, de la manière qu'on l'a expliqué ci-dessus. On verse donc l'infusion et la décoction dans le bain, on pallie fortement, et on y passe les cinq pièces de drap. On fait bouillir le bain à grands traits pendant deux bonnes heures, et on a le soin de faire tourner les draps continuellement, en les faisant bien démêler, mettre au large et enfoncer.

Tandis que le bain bout, on prépare dans une petite chaudière la bruniture à demi-livre de couperose seulement par pièce.

Les draps ayant bouilli les deux heures requises pour cette opération, on les lève sur la civière, on les abat sur le chevalet, on les évente pour leur faire perdre la chaleur qui rendroit la couleur du drap mal unie, on verse

alors dans le bain deux ou trois seaux
d'eau , plus ou moins , selon la quantité qu'il peut y en avoir dans la petite
chaudière ; et après avoir pallié , on
y passe deux pièces de drap pour les
brunir. On les sort ensuite , et on remet
dans le bain quelques autres seaux
d'eau brunie pour deux pièces de nouveaux draps , et ainsi du reste.

On fait laver ces draps et autres de
cette espèce , pour leur faire dégorger
une partie de la bruniture , qui autrement se déchargeroit sur le linge.

Remarque.

Les doses de cette couleur pour
toutes sortes de draps et d'étoffes ,
sont selon la proportion suivante :

Fustel , une once par livre d'étoffe.

Bois jaune , deux onces sur trois
livres d'étoffe.

Bois de Brésil , deux onces sur trois
livres d'étoffe.

Noix de galle , selon la même proportion que le bois de Brésil. On a augmenté la dose de cette drogue pour
servir à fixer la teinture du brésil.

Garance , autant que de la noix de galle.

Couleur de gris de rat sans pastel.

On prépare un bain frais dans lequel , dès qu'il est chaud , on passe les cinq pièces de drap qu'on destine pour gris de rat.

L'on y met ensuite cinq ou six seaux d'eau de racine de noyer.

Brésil Sainte-Marthe , quatre livres et demie ou cinq livres coupé en éclats, et mis dans un sac de toile.

Campêche , deux livres et demie , également coupé en morceaux et mis dans un sac. Pendant que le bain se chauffe , on fait infuser cinq livres de garance dans une comporte , et bouillir deux livres et demie de noix de galle. On jette dans le bain la teinture de ces deux drogues ; on fait ensuite bien pallier et bouillir la chaudière , et on met les draps dedans. Ils y demeurent pendant deux heures, en les faisant tourner sur la civière continuellement , en les démêlant , les mettant au large , et les enfonçant soigneusement. On les lève ensuite , on les abat sur le chevalet, et on les fait refroidir en la manière accoutumée.

On aura fait dissoudre et bouillir dans la petite chaudière deux livres et demie de couperose pour brunir les draps à l'ordinaire.

Première remarque.

Les doses de cette espèce de gris de rat sont, selon la proportion suivante, pour toutes sortes d'étoffes et de draps.

Brésil Sainte-Marthe, deux onces sur trois livres d'étoffe.

Campêche, une once sur la même quantité d'étoffe.

Garance, deux onces sur la même quantité d'étoffe.

Noix de galle , autant que de campêche.

Seconde remarque.

Puisque toutes les couleurs d'ardoise, de rat et belette à rat, seront beaucoup meilleures et de plus longue durée , quand les draps ont été mis en bleu, que lorsqu'on a omis cette préparation, on n'a pas laissé néanmoins de donner la recette pour en faire sans mettre les draps en bleu, pour deux raisons :

La première, afin de donner une connoissance plus parfaite des différentes méthodes de faire les mêmes couleurs.

La seconde, pour satisfaire les curieux en effet sur les connoissances que les personnes les moins instruites des secrets de la teinture pourront puiser dans ces mémoires ; il est possible qu'il se trouvera des personnes qui, jouissant de biens considérables, menant une vie tranquille, et se faisant un plaisir et une occupation d'étudier la nature, pourront s'occuper aux teintures, en achetant de petites chaudières pour en faire des essais en petit. Or, comme il seroit difficile et même impossible à ces personnes de faire la couleur bleue selon qu'on le pratique dans les teintures, elles ne seront pas fâchées de trouver ici des recettes de plusieurs couleurs, où l'on puisse se passer de la couleur bleue.

On remarquera encore que les gris

de rat se diversifient en cent nuances différentes, selon le plus ou le moins de pastel et des autres drogues qu'on y emploie.

Belette à rat.

Pour teindre cinq pièces en belette, il faut empasteler en bleu d'azur, et les faire laver au foulon en la manière ordinaire des bleus.

On prépare ensuite un bain frais, dans lequel on fait tremper les draps aussi-tôt que l'eau est chaude. Après les avoir retirés, on jette un sac du poids de douze livres et demie de fustel coupé en morceaux, et un second avec cinq livres de bois jaune en éclats. On laisse bouillir le tout deux heures. Pendant ce temps-là on a fait infuser dans une comporte quinze livres de garance, et dans une petite chaudière trois livres trois quarts de galle; on y verse ces deux infusions en les passant par le tamis; on y met encore une livre un quart d'alun, et un sac avec sept livres et demie de brésil, ou une livre et demie par pièce; une

demi-heure après on pallie fortement
et on met dedans les cinq pièces de
drap.

On fait bouillir le bain deux heures
de suite, et l'on prend soin de faire
tourner doucement, de démêler,
mettre au large et enfoncer. Après
deux heures on retire les draps, et les
ayant éventés et fait refroidir, on
prend de l'eau d'une petite chaudière,
où l'on a fait bouillir cinq livres de
couperose pour en jeter dans le bain ;
on pallie, et on y passe deux pièces
pour les brunir, et ainsi des autres.

Remarque.

La proportion de toutes ces drogues, est celle-ci pour tous les draps
et étoffes.

Fustel, une once et trois quarts,
ou environ deux onces par livre d'é-
toffe.

Bois jaune, deux onces pour trois
livres pesant d'étoffe.

Garance, 2 onces par livre d'étoffe.

Bois de Brésil, une once par livre
d'étoffe.

Noix de galle, une demi-once par livre d'étoffe.

Couperose, un peu plus que de noix de galle.

Alun, une demi-once sur trois livres d'étoffe.

Cette couleur de belette est très-foncée ; on va en donner une un peu plus claire.

Belette à rat, claire.

On la teint en bleu de ciel ; c'est-là le pied de cette couleur claire ; et on la fait laver au foulon.

On prépare un bain frais pour cinq pièces de drap qu'on y trempe : dès qu'il est chaud, on les sort et on les fait refroidir. On a dû en préparer un second pour y faire la couleur, au fond duquel, avant que de remplir la chaudière, on aura posé quinze livres de gaude, et placé dessus une croix avec une vis pour la contenir. Aussi-tôt que ce bain commence à chauffer, on y jette un sac de cinq livres de bois jaune coupé en éclats ; un second de cinq livres de brésil, deux livres d'alun, l'infusion de dix livres de garance qu'on aura faite en la manière accoutumée, de même que la décoction de deux livres et demie de noix de galle.

On met donc par pièce de drap (drap pour les Echelles du Levant, de quoi il faut toujours se souvenir, et qui est fort mince) on y met, dis-je, par pièce,

Une livre de bois jaune.
Une livre de bois de Brésil.
Deux livres de garance.
Environ une demi-livre d'alun.
Et une demi-livre de noix de galle.

Lorsque ces drogues ont bouilli un quart-d'heure, on pallie fortement, et l'on y met les cinq pièces de drap. On les fait bouillir pendant deux heures.

Durant ce temps-là, on remplit la petite chaudière pour y dissoudre et faire bouillir trois livres trois quarts de noix de galle, ou trois quarts de livre par pièce.

Les draps ayant bouilli deux heures, on les retire, on les lève sur la civière, on les évente et on les fait refroidir.

On jette alors de l'eau de la petite chaudière à proportion de sa capacité;

et on y passe deux pièces de drap ;
ensuite on y remet de nouvelle eau
brunie pour deux autres pièces, et
ainsi de suite. On a omis que dans la petite chaudière où l'on a fait dissoudre
la couperose, on doit y remettre une
livre et demie de bois de Brésil.

Remarque.

La proportion des drogues de la
belette pour toute sorte de drap et
d'étoffe, est selon ce qui suit :

Bois jaune, deux onces sur trois livres d'étoffe.

Bois de Brésil, de même.

Garance, deux fois autant.

Noix de galle, une once sur trois
livres d'étoffe.

Alun, un peu moins.

Couperose, un peu plus.

On vient de donner deux recettes
seulement de belette à rat ; on va en
décrire deux autres différentes, puisqu'on ne mettra point les draps en
bleu.

Belette à rat, vive et foncée, sans pastel, pour cinq pièces de drap.

On prépare deux bains pour faire cette couleur, un pour mouiller les draps, l'autre pour les colorer.

Dans celui-ci on y place dix livres de gaude avant que de remplir la chaudière, en la manière accoutumée. Le bain commençant à se chauffer, on y jette un sac avec cinq livres de bois jaune coupé en éclats; un second sac avec sept livres et demie de bois de Brésil; un troisième avec trois livres trois quarts de campêche, vingt livres de bonne garance, deux livres d'alun. La garance doit être préparée séparément, comme on l'a observé plusieurs fois. Trois livres trois quarts de galle, et une comporte pleine d'eau de racine.

Quand toutes ces drogues ont bouilli quelque temps, on pallie fortement, et on y met les cinq pièces de drap. On les y laisse deux heures et demie, en les faisant tourner sans discontinuer, quoique doucement; on démêle, on élargit et enfonce à tous momens la mise. Au bout de deux heures on la retire, et on les fait refroidir en la manière accoutumée.

Pendant cette opération, on a rempli la chaudière à bruniture, l'on y a mis cinq livres de couperose; et dans un sac deux livres et demie de brésil, et une livre un quart de campêche coupé en morceaux, on fait bouillir le tout pendant une heure. On prend plusieurs seaux de cette eau qu'on jette dans la grande chaudière, pour y brunir deux pièces de drap, et ainsi de suite, comme on l'a dit ci-devant.

Remarque.

La proportion des doses de toutes ces drogues pour faire la même couleur dans d'autres draps et étoffes, est comme il suit :

Deux onces de bois jaune sur trois livres pesant de drap ou d'étoffe.

Une once de bois de Brésil par livre d'étoffe.

Demi-once de campêche par livre d'étoffe.

Deux onces et deux tiers de garance par livre d'étoffe.

Galle, autant que de campêche.

Pour la bruniture.

Brésil , une. once sur trois livres pesant d'étoffe.

Campêche, la moitié moins.

Couperose, deux fois plus que de brésil.

Autre belette à rat sans pastel, claire.

On fait tremper cinq pièces de drap dans un bain tiède ; sur un autre bain, on met un sac dans lequel il est entré deux livres et demie de brésil, une livre un quart de campêche, deux livres et demie de fustel et autant de bois jaune ; mais par un préalable on aura mis au fond cinq livres de gaude, deux livres et demie de galle , une livre un quart d'alun, et l'infusion de dix livres de garance qui doit être préparée à part, ainsi que les noix de galle.

On fait bouillir toutes ces drogues

deux heures, après quoi on y met les draps qu'on fait bouillir encore deux heures. On les retire et on les fait refroidir. Enfin on les fait brunir avec l'eau de la petite chaudière où l'on aura dissous deux livres et demie de couperose.

Remarque.

La proportion de ces drogues pour d'autres draps, est :

Une once de brésil, de fustel, et de bois jaune par livre d'étoffe. Une demi-once de campêche, une once de gaude, deux onces de garance, et une demi-once d'alun.

Couleur de prune foncée

Pour teindre cinq pièces de drap en prune foncée, on prépare un bain frais qu'on fait chauffer. Etant tiède, on y passe les draps pour les y tremper. On les lève ensuite, on les évente et on les laisse refroidir et égoutter.

On met dans le bain un sac avec douze livres de brésil Sainte-Marthe, coupé en éclats, cinq livres et demie de brésil de Fernambouc, et douze livres de bois de Santal coupé aussi en éclats. On fait bouillir le tout pendant une heure.

On prépare cependant l'infusion de douze livres de garance que l'on fait dans une comporte, et en même temps on fait bouillir dans la petite chaudière sept livres et demie de galle : quand le tout est prêt, on verse l'infusion de la garance et la décoction de la noix de galle dans le bain, et on les y fait bouillir une heure avec les autres drogues ; après cela on pallie fortement, et on y fait passer les cinq pièces de drap ; on les y laisse deux heures à bouillir fortement, et on ne cesse de les tourner, de les enfoncer, mettre au large, &c.

On les lève ensuite sur la civière, où les abat sur le chevalet, on les évente plusieurs fois, jusqu'à ce qu'ils soient refroidis.

Tandis qu'ils prennent la teinture, on prépare dans la petite chaudière la bruniture avec trois livres trois quarts de couperose, ou trois quarts de livre par pièce. L'on se sert de cette eau brunie, en en versant dans le bain sur lequel on a teint les draps , quelques seaux. On pallie le bain, et l'on y passe deux pièces de drap pour les y brunir. On les y laisse aussi long-temps qu'on les veut brunis ; on les lève ensuite , et on les évente avec soin jusqu'à ce qu'ils soient bien refroidis. On verse de nouvelle eau brunie sur le bain pour deux nouvelles pièces, et ainsi de suite tant qu'on en a à brunir.

Remarque.

Les doses de cette couleur de prune sont, selon la proportion suivante, pour toutes sortes de draps et d'étoffes.

Une once et trois quarts d'once de bois de Brésil Sainte - Marthe , par livre d'étoffe.

Deux onces de brésil de Fernambouc , sur trois livres d'étoffe.

Santal , la même dose que du brésil Sainte-Marthe.

Deux onces de garance par livre d'étoffe.

Une demi-once ou environ de noix de galle , et un quart d'once de couperose.

Couleur de prune claire.

Pour teindre cinq pièces de drap en cette couleur, on prépare un bain frais dans lequel on fait tremper les draps pendant une demi-heure, après que le bain a été rendu tiède.

Sur ce même bain, on y met un sac de bois de Brésil Sainte - Marthe, coupé en éclats, du poids de douze livres et demie, ou deux livres et demie par pièce, cinq livres de brésil de Fernambouc, ou une livre par pièce, et un autre sac avec douze livres et demie de bois de Santal, ou deux livres et demie par pièce. On fait bouillir tous ces différens bois une heure ensemble.

On prépare, en attendant, dix livres de garance non robée, ou deux livres par pièce dans une comporte, et on fait bouillir cinq livres de noix de galle d'Alep dans la petite chaudière.

L'infusion de la garance et la décoction de la noix de galle étant faites,

on les verse dans le bain , en les passant par un tamis, pour empêcher que
le marc de ces deux drogues n'y entre.
On pallie fortement , et on le fait
bouillir encore une heure de temps.

Ensuite on y passe les cinq pièces de
drap qu'on y laisse deux heures à les
faire bouillir fortement , pendant lesquelles on ne cesse de tourner les draps,
de les enfoncer , de les mettre au
large , &c. on les lave ensuite , on les
abat sur le chevalet , et on les évente
jusqu'à ce qu'ils soient refroidis.

La bruniture aura été préparée
dans la petite chaudière , avec deux
livres et demie de couperose , ou
demi-livre par pièce, de laquelle on
se sert en la manière ordinaire , en observant néanmoins que la couleur se
trouve bien unie et bien égale par-
tout ; on ne brunit les draps que très-
foiblement , et quelquefois point du
tout , si la couleur se trouve encore
d'un bel œil.

Remarque.

Les doses de cette couleur pour
toute sorte de draps et d'étoffes ,

sont., selon la proportion suivante,

Une once et trois quarts d'once de bois de Brésil Sainte-Marthe, par livre d'étoffe.

Deux onces de brésil de Fernambouc, sur trois livres d'étoffe.

Bois de Santal, autant que de bois de Brésil Sainte-Marthe.

Garance non robée, une once et un tiers d'once par livre d'étoffe.

Noix de galle, la moitié moins que de garance.

Couperose, la moitié moins que de noix de galle.

Autre couleur de prune claire.

On prépare un bain frais que l'on fait chauffer, sur lequel on fait tremper cinq pièces de drap qu'on destine pour cette couleur. On les retire, on les évente, et on les laisse égoutter.

Sur ce bain, on met un sac dans lequel il y a dix-sept livres et demie de bois de Brésil de Fernambouc, ou trois livres et demie par pièce, et deux livres et demie de Santal, ou une demi-livre par pièce. On fait bouillir le tout pendant une heure.

On prépare cinq livres de garance
non robée, en la faisant infuser dans
une comporte à l'aide d'un morceau
de chaux, et l'on fait bouillir dans
la petite chaudière cinq livres de noix
de galle pour en exprimer toute la
teinture.

L'infusion de la garance et la décoction de la noix de galle étant prêtes,
on les verse dans le bain, en les passant par un tamis; on le pallie et on
le fait bouillir une heure durant.

On y passe les cinq pièces de drap,
et on les fait tourner pendant un quart-
d'heure, aussi vîte qu'on le peut, afin
que comme la teinture est extrêmement légère, elle puisse se distribuer
également sur toutes les cinq pièces
de drap. On les tourne ensuite modérément pour que le bain puisse bouillir. On l'entretient sur ce pied-là deux
heures de temps, et on ne cesse de
bien élargir et enfoncer. Enfin on lève
les draps, on les évente et on les fait
refroidir.

Cette couleur ne demande guère
de bruniture : si cependant on veut lui
en donner, on la préparera dans la

petite chaudière, à une livre un quart de couperose, ou un quart de livre par pièce, de laquelle on se servira en la manière usitée et expliquée ci-dessus.

Remarque.

Les doses de cette couleur pour toutes sortes de draps et d'étoffes, sont selon la proportion suivante,

Brésil de Fernambouc, deux onces et un tiers d'once par livre d'étoffe.

Une once de santal sur trois livres d'étoffe.

Garance non robée, deux onces sur trois livres d'étoffe.

Noix de galle autant que de garance, et tant soit peu de couperose.

Prune claire, de nuance de couleurs différentes.

Pour faire cette couleur, on prépare un bain frais, dans lequel on fait tremper cinq pièces de drap; lorsqu'il est tiéde, on les tire, on les évente, et on les fait égoutter.

On jette dans le bain un sac dans lequel

lequel on a mis sept livres et demie de bois de Santal, ou une livre et demie par pièce, quinze livres de bois de Brésil Fernambouc, ou trois livres par pièce, et sept livres et de-mie de brésil Sainte-Marthe. On fait bouillir le tout une heure ou une heure et demie.

On aura préparé l'infusion de sept livres et demie de garance non robée, fine, et la décoction de cinq livres de noix de galle, en faisant bouillir les noix de galle deux heures dans la petite chaudière.

Lorsque les bois ci-dessus nommés ont bouilli une heure ou une heure et demie, on y met la teinture de la ga-rance et de la noix de galle ; on pal-lie le bain, et on le fait bouillir encore autant de temps.

On y passe les cinq pièces de drap, et on les fait tourner extrêmement vîte au commencement ; on se modère et on les fait bouillir deux heures de suite pour leur faire prendre la cou-leur. On les enfonce et on les élargit à tout instant.

Lorsqu'ils sont teints, on les lève ;

Part. I.   G

on les évente, et on les fait refroidi[r]

On brunit ou l'on ne brunit poin[t] ces couleurs, selon la fantaisie d[u] Teinturier, ou le besoin des couleurs[;] car si elles ne sont pas bien unies, d[e] nécessité il faut avoir recours à la bru[-] niture; dans ce cas on la prépare dan[s] la petite chaudière, en y faisant dissou[-] dre et bouillir deux heures de suite une livre et un quart de couperose, ou un quarteron par pièce, et l'on s'en ser[t] en la manière accoutumée.

Remarque.

Les doses de cette couleur pour toute sorte de draps et d'étoffes, sont selon la proportion suivante :

Santal, une once par livre d'étoffe.

Brésil de Fernambouc, deux onces par livre d'étoffe.

Brésil de Sainte-Marthe, une once par livre d'étoffe.

Garance non robée, autant que de brésil de Sainte-Marthe.

Galle, deux onces sur trois livres d'étoffe.

Couperose, la quatrième partie de la noix de galle.

Couleur de prune rougeâtre.

Pour teindre cinq pièces de drap en cette couleur, on prépare un bain frais ; on le fait chauffer, et puis on y passe les draps pour les y faire tremper : on les retire après, on les fait éventer et refroidir.

Sur ce même bain qu'on continue toujours à chauffer, on fait la teinture. Pour cet effet, on y jette dedans un sac dans lequel on a mis trois livres trois quarts de santal, ou trois quarts de livre par pièce, autant de brésil Sainte-Marthe, et deux livres et demie de brésil Fernambouc. Tous ces bois étant coupés en morceaux très-minces, on les fait bouillir une heure, après laquelle on y verse l'infusion qu'on aura faite auparavant de dix-sept livres et demie de garance non robée, ou trois livres et demie par pièce, et la décoction de cinq livres de galle qu'on aura fait bouillir pendant deux heures dans une petite chaudière. On pallie fortement le bain, et l'on fait bouillir le tout une heure et demie.

G 2

Alors on y passe les cinq pièces de drap, on les y laisse bouillir deux heures ou deux heures et demie ; on observe de les bien mettre au large , et de les enfoncer, pour rendre la couleur unie. Enfin on les retire , on les abat sur le chevalet , on les évente jusqu'à ce qu'ils soient froids.

Tandis qu'on donnoit la couleur aux cinq pièces de drap, on a préparé la bruniture en faisant dissoudre et bouillir pendant deux heures dans une petite chaudière deux livres et demie de couperose , ou une demi-livre par pièce. On prend de cette eau brunie, et on en verse une certaine quantité dans le bain sur lequel on vient de faire la couleur des draps. On pallie forte-ment , et on y passe deux pièces de drap seulement , et ainsi des autres.

Remarque.

Les doses de cette couleur pour toutes sortes de draps et d'étoffes, sont selon la proportion suivante :

Santal , une demi-once par livre d'étoffe.

Brésil de Sainte-Marthe, idem.

Brésil de Fernambouc, une once sur trois livres d'étoffe.

Garance non robée, deux onces et un tiers d'once par livre d'étoffe.

Noix de galle, deux onces sur trois livres d'étoffe.

Couperose, la moitié moins que de noix de galle.

Autre couleur de prune rougeâtre.

Pour teindre cinq pièces de drap en cette couleur, on prépare un bain frais qu'on fait chauffer, et dans lequel on passe les draps pendant une demi-heure pour les y faire tremper ; on les retire ensuite, on les évente et on les laisse égoutter.

Dans le même bain, on jette un sac où l'on a mis sept livres et demie de brésil de Fernambouc, ou une livre et demie par pièce, et autant de santal. On fait bouillir ces deux espèces de bois dans le bain, une heure ou une heure et demie.

On aura préparé dans une comporte l'infusion de trente livres de garance, ou de six livres par pièce ; et dans la petite chaudière la décoction de cinq livres de galle, de la manière qui a été expliquée ci-dessus. On verse dans le bain la teinture de ces deux drogues, et on les fait bouillir encore une bonne heure, après quoi on y passe les cinq pièces de drap ; on les y laisse bouillir deux heures de suite, en les tournant, démêlant, élargissant, et enfonçant sans cesse. La teinture étant prise, on lève les draps sur la civière ; de-là on les abat sur le chevalet, on les évente, on les fait refroidir et égoutter.

La bruniture qui convient à cette couleur, aura dû être préparée dans la petite chaudière à deux livres et demie de couperose, ou une demi-livre par pièce. On s'en servira en la manière accoutumée.

Première Remarque.

Les doses de cette couleur pour toutes sortes de draps et d'étoffes, se donnent selon la proportion suivante :

Une once de brésil Fernambouc par livre d'étoffe.

Autant de bois de Santal.

Quatre onces de garance non robée, par livre d'étoffe.

Deux onces de noix de galle sur trois livres d'étoffe.

La moitié moins de couperose.

Seconde Remarque.

On n'a point employé de bouillon pour aucune des couleurs de prune dont on vient de donner la recette, parce qu'il n'est guère en usage de leur en donner. On avertit néanmoins, qu'à bouillir les draps avant de les teindre, les couleurs n'en seront que plus fixes et meilleures. Si on peut s'en passer dans quelque sorte de couleur de prune, on ne peut point s'en dispenser à l'égard du dernier prune rougeâtre, dont on a donné la recette, auquel on peut employer trois livres d'alun de Rome par pièce, ou deux onces par livre d'étoffe, avec une demi-once de tartre rouge. Pour les autres nuances de la couleur de prune, on peut se servir d'un bouillon conforme à celui-là, et quelque chose de plus ou de moins, à proportion que les doses des drogues qui composent les nuances de couleur de prune, peuvent différer entre elles.

Couleur de castor, gris de castor.

On prépare un bain frais qu'on fait chauffer, et dans lequel on fait bien tremper une demi-heure de temps les draps destinés à cette couleur.

Lorsqu'on les a retirés, on y jette un sac dans lequel on a mis six livres un quart de brésil Fernambouc ou une livre et un quart par pièce.

On fait bouillir dans la petite chaudière deux livres et demie de noix de galle, ou une demi-livre par pièce, pendant deux heures. On verse cette décoction dans le bain, en la passant par un tamis. On fait bouillir le tout une grosse heure, après quoi on y passe les cinq pièces de drap. On les y laisse bouillir deux heures, on les tourne au commencement extrêmement vîte, on se modère ensuite, on prend soin de les bien élargir, démêler et enfoncer ; car cette couleur étant extrêmement délicate, la moindre chose pourroit la tacher ; c'est par cette raison qu'on est attentif à ne pas laisser toucher les draps à terre, et à les choisir bien nets et non tachés ou barrés.

Après qu'ils ont bouilli, on les retire, on les évente et on les fait refroidir.

On prépare la bruniture à deux livres et demie de couperose, ou une demi-livre par pièce, qu'on fait bouillir dans la petite chaudière. On verse quelques seaux de cette eau brunie dans le bain sur lequel on a fait la couleur ; et l'on y passe les draps de deux à deux pièces, pour les y brunir en la manière accoutumée.

Remarque.

Les doses de cette couleur pour toutes sortes de draps et d'étoffes, se donnent selon la proportion suivante :

Brésil de Fernambouc, quatre onces sur cinq livres d'étoffe.

Noix de galle, une once sur trois livres d'étoffe.

Couperose, de même.

Couleur de gris de castor, tirant sur le gris de rat.

Pour teindre cinq pièces de drap en cette couleur, on prépare un bain frais qu'on fait chauffer, dans lequel on fait tremper les draps, &c.

Dans ce bain on y jette ensuite cinq livres de brésil Fernambouc, ou une livre par pièce, trois livres trois quarts de noix de galle, une livre un quart de campêche, et deux fagots de garrouille ; on fait bouillir ces drogues deux heures de suite, et l'on y passe les draps qu'on y fait bouillir encore deux heures. Au bout de ce temps, on les retire, on les évente, et on les fait refroidir.

La bruniture aura dû être préparée dans la petite chaudière, dans laquelle on aura fait dissoudre et bouillir deux livres et demie de couperose, ou une demi-livre par pièce, et de laquelle on se sert à l'ordinaire.

Remarque.

Les doses de cette couleur pour toutes sortes de draps et d'étoffes, se donnent selon la proportion suivante :

Brésil de Fernambouc , deux onces sur trois livres d'étoffe.

Demi - once de noix de galle par livre d'étoffe.

Une partie de campêche sur trois parties de noix de galle ; de garrouille à vue d'œil.

Couperose, la moitié moins que de noix de galle.

Couleur de verd et ses différentes nuances.

Les principales nuances du verd qui sont en usage pour les draps du Levant , sont les suivantes :

Verds bruns.

Verds d'herbe.

Verds bronzés.

Verds d'émeraude.

G 6

Verds clairs.

Verds jaunes.

On va donner la recette de tous ces verds séparément, et les circonstances qui en accompagnent la teinture.

Verds bruns.

On prend cinq pièces de drap, qu'on fait mettre en bleu de roi. On envoie les cinq pièces au foulon, pour y être lavées et dégorgées.

On prépare un bain frais pour bouillir les cinq pièces de drap. C'est ce que l'on fait avec trente-cinq livres d'alun de Rome, ou sept livres par pièce, qu'on jette dans le bain et qu'on fait fondre. Cela étant fait, on pallie le bain et on y met les cinq pièces de drap. Aussi-tôt on augmente le feu pour faire bouillir l'eau à grands traits ; on l'entretient sur ce pied-là quatre bonnes heures que dure le bouillon.

On tourne sans cesse les draps sur la civière, on les démêle bien, on les élargit, et on les enfonce avec soin. Le bouillon étant fait, on les lève sur la civière, on les abat sur le chevalet, on les évente, en les passant et repassant, et on les frise sur le chevalet pour achever de les refroidir.

Les draps étant bouillis, on prépare un gaudage pour les rendre verds de la manière suivante.

Gaudage des verds bruns.

Avant que de remplir la chaudière, on y place au fond trente-huit livres de gaude lissée sur laquelle on pose une croix de bois, attachée à la chaudière par une vis. On y met un ballot de racine de noyer, et un demi-quintal de bois jaune.

On fait prendre cinq ou six bouillons au bain, après quoi on n'augmente plus le feu.

On y passe alors les cinq pièces de drap, et on les fait tourner sur la civière pendant une demi-heure, en les démêlant, mettant au large, et les enfonçant à tout moment. Au bout de ce temps on lève les draps, on les abat sur le chevalet, on les évente, et on les fait refroidir.

On aura préparé une petite chaudière pour y faire dissoudre et bouillir
sept livres et demie de couperose, et
cinq livres de brésil mis dans un sac
en morceaux; ces deux drogues auront dû bouillir pendant deux heures.

On mettra plusieurs seaux de cette
eau dans le gaudage, après qu'on en
aura bien tiré la couleur, soit avec
cinq pièces seulement, soit avec
d'autres, ainsi qu'on l'expliquera ci-
après. On y passera ensuite les draps
deux à deux, et on les y laissera, et
on augmentera la dose de l'eau brunie, selon le degré de bruniture qu'on
veut leur donner, y en ayant qui en
ont peu, et d'autres qui en ont tant
qu'ils semblent des noirs, le tout selon que les draps sont tachés et barrés, et qu'il est plus difficile de laver
ces défauts. On fait laver ces draps
au foulon.

Remarque.

La dose des verds bruns pour les
draps et étoffes, est selon cette proportion :

Pour le bouillon.

Quatre onces et trois quarts d'alun par livre de drap ou d'étoffe.

Pour le gaudage.

Cinq livres de gaude par livre pesant d'étoffe, un cinquième de plus de bois jaune, de racine de noyer un petit paquet.

Pour la bruniture.

Une once de couperose, et deux tiers d'once de bois de Brésil par livre d'étoffe, sauf à ménager cette bruniture selon les nuances qu'on veut en donner aux draps. Il saut se souvenir qu'avant que de les brunir, il faut les engaller avec autant de galle que de couperose.

Verds d'herbe.

On doit mettre les draps qu'on destine à cette couleur, à quelques nuances de moins que le bleu de roi, mais à quelque chose de plus que le bleu d'azur. On les envoie au foulon pour les y laver, &c.

On prépare un bain frais pour les y faire bouillir, en y mettant trente-cinq livres d'alun, ou sept livres par pièce. On fait pallier le bain, et on y met les cinq pièces de drap qu'on fait passer continuellement pendant quatre heures de temps, &c.

Quand ils sont bouillis, on prépare un bain frais pour le gaudage qui doit être semblable à tous égards à celui qu'on vient de décrire pour les verds bruns, ainsi que les circonstances qui accompagnent l'opération ; ces draps étant gaudés, ne se brunissent point, mais la couleur est achevée.

On doit observer qu'il y a des fois qu'on ne met au bouillon que six livres et demie d'alun par pièce. A cette différence près, à celle de la bruniture et du pied du pastel qui est un peu plus clair, tout est égal pour les verds d'herbe ainsi que pour les verds bruns. On pourra donc se régler sur la proportion qu'on y a donnée des doses qu'on doit employer pour toutes sortes de draps et d'étoffes.

Verds bronzés.

On doit faire empasteler ces verds en bleu d'azur, ensuite de quoi on les envoie au foulon pour les y laver.

Au retour, on prépare un bain pour les y faire bouillir, en y mettant trente livres d'alun, ou six livres par pièce. Après qu'il est fondu, on pallie fortement, et on y met les cinq pièces de drap ; on les y laisse bouillir à grands traits pendant quatre heures de temps; après cela on les retire et on les fait refroidir.

On prépare ensuite deux bains frais, le premier pour le gaudage, en y mettant les mêmes drogues, et en même quantité que celles de l'article des verds bruns. Ce gaudage suffit pour teindre cinq pièces de verds bronzés et cinq pièces de verds d'émeraude, espèce de verd dont on donnera la recette après celle-ci.

Le second bain est pour donner le

gaudage; ce qui se pratique de la manière suivante :

Lorsque ce bain est chaud, on y fait tremper les cinq pièces de drap; quand elles sont bien pénétrées d'eau, on les retire, on les évente et on les fait refroidir.

Ensuite on les y remet pour les faire tremper de nouveau, jusqu'à trois fois. Cette préparation donnée, on prend une comporte qu'on remplit d'eau de gaudage du premier bain. Cette comporte peut contenir environ deux pieds cubes de liqueur. On en met la moitié dans le second bain; et après avoir bien pallié, on y passe une seule pièce de drap, on l'y laisse un quart-d'heure, plus ou moins; on la lève, on l'évente et on la fait refroidir.

On jette dans le bain l'autre pied cube d'eau de gaudage, et l'on pallie le tout; l'on y remet la même pièce de drap, et après un autre quart-d'heure on la retire et on la fait refroidir. Si la nuance n'est pas au point qu'on la desire, on remet dans le second bain la moitié d'une comporte, ou un pied cube d'eau de gaudage, et on y repasse la pièce de drap pour la troisième fois, et une quatrième s'il le faut.

On continue de la même sorte, pièce à pièce, tant qu'on en a à teindre en cette couleur ; et comme une chaudière contient trente comportes, ou soixante pieds cubes d'eau de gaudage, et que pour les verds bronzés il n'en faut pour cinq pièces que dix à quinze comportes, le restant sert pour les émeraudes de la manière qu'on l'expliquera.

Remarque.

La proportion des verds bronzés pour les draps et étoffes, est de quatre onces d'alun par livre d'étoffe pour le bouillon. A l'égard du gaudage, on peut ne mettre dans une chaudière que la trentième partie de ce qu'elle contient d'eau de gaudage, et se régler là-dessus de la manière qui a été dite.

Verds d'émeraude.

Ces sortes de verds doivent être empastelés à quelques nuances de

moins que le bleu d'azur; on les en‑
voie au foulon pour y être lavés, &c.

Au retour, on prépare un bain pour
les faire bouillir; on se sert pour cet
effet de vingt‑sept livres et demie
d'alun de Rome qu'on y fait dissou‑
dre. On le pallie ensuite à diverses re‑
prises; et quand il est prêt à bouillir,
on y fait entrer les draps; on les y
laisse pendant trois à quatre heures,
en les tournant sans cesse, les démê‑
lant, les enfonçant, &c. On les retire
au bout de ce temps‑là, et on les passe
et repasse jusqu'à ce qu'ils soient re‑
froidis.

Quand ils sont dans cet état, on les
fait tremper dans un bain d'eau chaude.

Pendant cette préparation on aura
apprêté la chaudière où se trouve le
gaudage; et supposé qu'on n'en ait tiré
que dix comportes de gaudage pour
faire les verds bronzés (ce qui est le
tiers de ce que contient la chaudière,
sa capacité n'étant d'ordinaire que de
soixante pieds cubes, dont les deux
font la comporte) le surplus suffira
pour les verds d'émeraude. Or, dans
ce cas on fait jeter dans la chaudière

du gaudage , autant de comportes d’eau qu’on en a tiré pour les verds bronzés , afin de la remplir. On la fait bien bouillir , et on passe là-dessus les cinq pièces de drap destinées pour verd d’émeraude ; on les y tient jusqu’à ce qu’ils soient à la nuance qu’on desire.

Si on trouve, après les avoir retirés, qu’ils n’ont pas assez pris de gaudage, on les y remet. Si le bain se trouve trop affoibli quand on les repasse une seconde fois, on y remédie en y mettant de nouvelles drogues à proportion du besoin ; proportion qu’on reconnoîtra par ce qui va être dit. Voilà donc ce que l’on pratique , supposé qu’on n’ait tiré du gaudage, pour faire les verds bronzés , que dix comportes de teinture.

Mais si on en a tiré quinze comportes ou environ , ce qui est la moitié de ce que la chaudière contient, le reste ne peut pas être suffisant pour faire des verds d’émeraude , qui demandent d’être plus gais et d’avoir la couleur jaune à un plus haut degré que les bronzés. D’ailleurs, si on sup-

pose un gaudage de trente comportes
de liqueur, et qu'on en emploie quinze
pour faire cinq pièces de verds bronzés , il est manifeste que les quinze
restant employés à des draps qui ont eu
le même degré de pastel et de bouillon à fort peu près que les verds bronzés, ne feront que la même nuance de
verd bronzé. Pour faire donc une
émeraude, il faut que le jaune soit
plus foncé ; il faut donc , dans le cas
dont il s'agit , rétablir le gaudage de
la chaudière , de laquelle on a tiré
quinze comportes de teinture pour
faire les verds bronzés , et où par conséquent il n'en reste que la même
quantité.

Or alors on remplit la chaudière
d'eau , et on y jette un paquet de
gaude du poids de vingt livres , et un
sac de bois jaune coupé en morceaux
de quinze à seize livres pesant, avec
un autre sac de racine de noyer. On
fait prendre cinq à six bouillons au
bain , et on y passe les verds pour
émeraude , qui prennent la nuance de
la couleur jaune qui leur est convenable; après quoi on les lève sur la civière,

on les abat sur le chevalet, on les passe à bras trois à quatre fois pour les faire refroidir ; car autrement la couleur ne seroit pas unie.

Comme il est bon de rendre raison de tous les cas qui pourroient arriver, il faut observer que si, supposé, au lieu de teindre cinq pièces seulement de verds bronzés, on en eût fait dix à douze, comme il arrive très-souvent, et que par-là le bain eût été tellement affoibli qu'il eût autant valu faire un second gaudage sur un bain frais pour teindre en émeraude, que de le faire sur le bain du premier, ou bien qu'on eût à teindre seulement des verds éme-raude sans des verds bronzés : dans ces différens cas, il eût fallu faire un gaudage nouveau ; or on l'auroit fait, ou conformément à la recette qu'on en a donnée à l'article des verds bruns, ou on l'auroit fait plus foible.

On l'auroit fait selon le premier cas ; supposé, 1°. qu'on eût à tein-dre plus de cinq pièces de verd éme-raude ; car quoique les doses de ce gaudage soient trop fortes pour les émeraudes, il y a cependant un moyen d'empêcher qu'ils ne prennent trop de teinture ; et ce moyen est de les laisser moins de temps dans la chaudière qu'on n'a coutume de le faire ; c'est pourquoi si on avoit eu, par exemple, neuf pièces de verd d'émeraude à faire, on auroit pu en passer d'abord trois sur le gaudage qu'on auroit retirés en peu de temps; les autres trois auroient dû y demeurer plus long-temps, parce qu'alors le bain est moins foncé, et les trois derniers encore plus long-temps; et de cette manière, la teinture se distribueroit assez également. 2°. On anroit fait le gaudage selon le premier cas, supposé encore qu'après les cinq pièces de verd d'émeraude on eût eu à faire des verds clairs qui auroient pu profiter de la suite.

Mais on auroit fait le gaudage selon le deuxième cas, si on n'avoit eu à teindre précisément que cinq pièces de drap en verd d'émeraude, et pour ce gaudage on auroit observé la proportion suivante :

Gaudage

Gaudage pour les verds d'émeraude.

On place au fond de la chaudière vingt-cinq livres de gaude, sur laquelle on pose une croix de bois pour la contenir au fond, et vingt livres de bois jaune coupé et les morceaux mis dans un sac ; on y ajoute un paquet de racine de noyer.

On fait bouillir cinq à six bouillons à ce bain ; l'on y passe les draps, et on les y laisse fort long-temps. Si après avoir été refroidis ils n'étoient point de la nuance que l'on souhaite, on les y repasseroit après avoir fait bouillir le bain de nouveau, afin d'achever d'exprimer ainsi les sels des drogues qui sont les parties qui teignent ; et les draps achèvent de se charger de la couleur qui reste dans le bain.

Remarque.

La proportion du verd émeraude pour toutes sortes de draps et d'étoffes, est la suivante :

Pour le bouillon, environ trois on-

Part. I.   H

ces et demie d'alun par pièce d'étoffe.

Pour le gaudage, trois onces de gaude par livre d'étoffe.

Vingt pour cent de moins de bois jaune, et de la racine de noyer à-peu-près le même volume que de la gaude.

Verds clairs.

Les draps qu'on destine à cette couleur doivent être empastelés à la nuance de bleu de ciel, et puis envoyés au foulon pour y être lavés et nettoyés.

Au retour, on prépare un bain frais pour les faire bouillir. Pour cet effet on y met vingt-cinq livres d'alun de Rome, ou cinq livres par pièce. Etant fondu, on fait bouillir le bain, on y met les draps, et on les y laisse quatre heures durant, ou trois heures et demie ; on les lève, et on les fait refroidir.

Pour les gaudes, on observe à-peu-près tout ce qui vient d'être dit à l'égard des émeraudes, parce que le gaudage ou le pied de jaune doit être le même entre ces deux espèces de verds; et comme les verds clairs ont un pied de pastel, ou de couleur bleue, moins foncée que le verd émeraude, il s'ensuit que le gaudage doit plus dominer sur le premier que sur le dernier; de là vient que celui-là étant plus jaune, en est plus clair; c'est pourquoi on l'appelle aussi verd clair ou verd de pistache.

Le verd clair et le verd jaune dont on va parler, sont les couleurs les plus difficiles à faire. Les draps doivent être sans tache; et cependant malgré les précautions qu'on prend, on en manque beaucoup. Le bleu par sa nature cache les taches et les barres des draps, lorsqu'il a été donné à une nuance foncée: il en est de même du jaune. Mais à mesure que ces deux couleurs diminuent de fond, et qu'elles sont plus claires, elles sont moins propres à produire le même effet. Or, comme les verds clairs et les verds jaunes sont deux couleurs où celles de bleu et de jaune sont employées à la nuance la plus claire, il n'est pas surprenant qu'ils se tachent si aisément, et que les taches qui étoient déjà dans le drap avant de le teindre paroissent après avoir été teints. C'est à changer la couleur du drap, et à la mettre en une autre la plus claire qu'il est possible, que consiste une des principales parties d'un Teinturier. On dit de le changer en une autre couleur la plus claire qu'il est possible, c'est que les Turcs, à qui on envoie ces sortes de draps, préfèrent toujours les couleurs claires aux couleurs brunes, et les payent davantage ; ainsi c'est pour se conformer à leur goût qu'on change une couleur claire en une autre couleur aussi claire qu'il est possible. On donnera à la suite de ces Mémoires, un essai de ce changement, et de la manière qu'il se pratique.

Ces deux couleurs ne peuvent point non-seulement cacher les taches et autres défauts qui sont dans les draps ; mais encore il arrive que de cent pièces de drap qu'on choisit exprès sans être tachés, malgré les précautions que l'on prend à la teinture pour ne les point tacher, il en est néanmoins soixante-dix qu'on est obligé de mettre en d'autres couleurs. Or , après des attentions infinies, on a enfin reconnu que toutes ces taches ne provenoient que de la mauvaise préparation qu'on donnoit au pastel, et c'est ce qu'on expliquera au supplément, en traitant de la culture des drogues qui servent à la teinture, et dont le Parfait Teinturier n'a point parlé, ou sur lesquelles il ne s'est pas assez étendu ; supplément qu'on trouvera dans ces Mémoires. Après ces observations, finissons l'article des verds clairs, en disant qu'ils doivent être bouillis à trois onces un quart ou environ d'alun, une couleur de bleu plus clair que l'émeraude, et un pied de gaudage aussi jaune.

Verd jaune.

La nuance du bleu la plus claire, ou celle de bleu déblanchi, est celle qui convient pour les verds jaunes. Les draps étant donc empastelés, sont envoyés au foulon pour y être lavés, etc.

Au retour on prépare un bain frais dans lequel on fait dissoudre une vingtaine de livres d'alun de Rome, ou quatre livres par pièce. On fait bouillir les draps pendant trois heures, et on les retire pour les faire refroidir et puis gauder.

Pour cet effet on attend que le gaudage des émeraudes, ou celui des verds bruns soient un peu foibles pour les y passer ; car une nuance trop forte de jaune, domineroit trop sur le bleu, et le drap paroîtroit trop jaune ; mais une nuance de jaune foible sur la nuance de bleu déblanchi, compose un verd si léger, qu'on l'appelle pour cette raison verd jaune.

Ces sortes de verds doivent être bouillis à trois onces et demie d'alun par livre d'étoffe. Le reste est aisé à déterminer, dès qu'ils ne demandent que la nuance la plus foible qui se puisse de la couleur bleue et jaune.

Remarque.

Après avoir donné la recette de tous les verds ci-dessus mentionnés, il est bon d'observer que les maîtres Teinturiers ramassent un grand nombre de draps destinés, empastelés et bouillis pour différentes sortes de verds, afin de les gauder tous dans le même bain, soit pour épargner le temps, ou pour profiter des suites.

Pour cet effet ils font un gaudage plus ou moins fort que ceux dont on a donné la composition, sur lesquels ils passent les draps destinés pour verd d'herbe, ou verd brun. Ils sont soigneux de réparer la perte que fait le bain, en y mettant de nouvelles doses des drogues qui entrent dans cette couleur, afin de l'entretenir à la nuance la plus foncée. C'est ainsi que successivement ils passent sur le gaudage toutes les différentes espèces de verds qu'ils ont à faire, en observant néanmoins ce qui suit :

En premier lieu, de laisser moins de temps dans la chaudière les draps qui ne demandent qu'un foible gaudage que ceux qui en exigent un plus fort, afin que les différentes espèces de verds soient par-là distinguées.

En second lieu, pour les verds jaunes, ou on les passe sur un gaudage à la suite d'autres verds, sans qu'on rétablisse le bain dans son premier degré de couleur, ou, si on étoit obligé d'y mettre de nouvelles drogues, on observe d'en modérer les doses pour rendre le bain aussi clair qu'on le puisse.

De la couleur de noisette et de ses différentes espèces.

Noisette tirant sur le rouge.

Pour teindre cinq pièces de drap en cette couleur, on doit les mettre en premier lieu en bleu d'azur. On les envoie au foulon pour y être lavés et dégorgés à l'ordinaire.

En second lieu, on prépare un bain. Quand l'eau est chaude, on y passe les draps pour les bien tremper ; on les en retire, et on les fait refroidir.

En troisième lieu, on met dans la chaudière dix livres de fustel dans un sac, coupé en morceaux ; on le fait bouillir pendant deux heures de suite.

Pendant que le fustel est à bouillir, on fait infuser d'un côté vingt-cinq livres de garance fine, ou cinq livres de garance par pièce de drap, dans une comporte pleine d'eau, à l'aide d'un morceau de chaux qu'on y fait dissoudre. De l'autre côté on fait piler trois livres trois quarts de noix de galle, ou trois quarts de livre par pièce, et on les fait bouillir dans une petite chaudière.

Le fustel ayant bouilli deux heures, on verse dans le bain l'infusion de la garance, et la décoction de la noix de galle, en les passant par un tamis.

On fait prendre un bouillon au bain, on pallie fortement, et l'on y passe les cinq pièces de drap ; on les tourne sans cesse fort doucement ; on prend soin de les bien démêler, élargir et enfoncer. Après qu'elles ont demeuré une heure et demie ou deux heures à bouillir et à prendre la couleur, on les lève sur la civière, on les abat sur le chevalet, on les passe et repasse pour les éventer et les faire refroidir.

On peut, si on veut, leur donner une légère bruniture, en faisant dissoudre deux livres et demie, ou une demi-livre, par pièce, de couperose dans une chaudière à part, et en mêlant quelques seaux d'eau de la petite chaudière dans la grande pour les brunir de deux en deux pièces.

Remarque.

La dose des drogues de cette couleur pour toutes sortes d'étoffes, doit être selon la proportion suivante :

Un pied de pastel, ou bleu d'azur.

Fustel, une once un quart par livre de drap ou d'étoffe.

Garance, trois onces un quart par livre d'étoffe.

Noix de galle, une demi-once.

Et un peu de couperose.

Si cependant la couleur se trouve fraîche et bien unie, on peut se passer de la brunir.

Noisette verdâtre.

Pour faire cette couleur, on met cinq pièces de drap à la même nuance que les verds clairs, c'est-à-dire, en bleu de ciel ; on les envoie au foulon pour les y laver.

On prépare un bain frais, et on les fait bouillir, en y mettant dix livres d'alun, ou deux livres et demie par pièce ; on pallie fortement, et on y met les draps qu'on y laisse pendant deux heures et demie ou trois heures ; on les tourne sans cesse, et après que le bouillon est fait, on les lève et on les fait refroidir.

On les passe ensuite sur un gaudage à peu-près à la nuance des verds clairs ; et quand ils sont en cette couleur, on prépare un nouveau bain pour les faire bouillir, en y employant quinze livres d'alun de Rome, ou trois livres par pièce, et trois livres trois quarts de tartre rouge, ou deux onces par pièce.

On fait fondre le tout ; on le pallie, et on y met les draps qu'on y fait bouillir pendant deux heures, en la manière accoutumée ; après quoi on les lève, on les évente, et on les laisse re_ froidir.

On prépare un nouveau bain, dans lequel on met quinze livres de garance, ou trois livres par pièce. Quand elle est fondue, on pallie fortement, et le bain étant prêt à bouillir, on y passe les draps dedans, on les démêle et on les enfonce à tous momens pour les rendre unis. Après qu'ils y ont demeuré une heure et demie à bouillir, on les lève, on les évente, et on les fait refroidir ; et la couleur est faite.

Si on avoit résolu de la brunir, on auroit mêlé dans la teinture de la garance la décoction de deux livres et demie de galles qu'on auroit faite à part.

On auroit encore fait bouillir dans une petite chaudière deux livres de couperose, avec un peu de bois de Brésil, et avec quelques seaux de cette eau qu'on auroit versés dans le bain, après que les draps auroient été teints, on les auroit brunis.

Ces couleurs étant extrêmement délicates, on ne doit leur donner qu'une très-foible bruniture, ou point du tout. Il est vrai que la couleur avec une légère bruniture, est plus brillante.

Remarque.

Les doses des drogues qui entrent dans cette couleur, sont selon la proportion suivante pour toutes sortes de draps et étoffes.

Le fond bleu de ciel.

Premier bain.

Alun, une once et demie, ou trois quarts d'alun de Rome par livre d'étoffe.

Gaudage.

Comme les verds clairs.

Second bain.

Deux onces d'alun par livre de drap ou d'étoffe.

Une demi-once de tartre.

Garançage.

Deux onces par livre d'étoffe, et si on les brunit, demi-once de noix de galle, et un peu moins de couperose.

Cette couleur faite de cette manière est très-solide, et subsiste pendant très-long-temps sans s'altérer ; mais comme son opération est longue, les maîtres Teinturiers l'abrègent, en suivant la méthode dont on va parler.

Autre noisette verdâtre.

On doit mettre les draps en bleu de ciel ; et après avoir été lavés au foulon, on prépare un bain pour les bouillir de la manière suivante.

On doit faire dissoudre dans le bain vingt-cinq livres d'alun de Rome, ou cinq livres par pièce, et deux livres et demie de tartre, ou une demi-livre par pièce. Le tout étant bien fondu, on fait pallier, on augmente le feu, et l'eau étant prête à bouillir, on y fait entrer les draps qu'on y laisse pendant trois heures ; on observe de les bien démêler, enfoncer, &c. on les lève ensuite, on les abat sur le chevalet, et on les fait refroidir.

On prépare ensuite un nouveau bain. L'eau étant un peu chaude, on y fait bien tremper les draps ; on y jette ensuite un sac de quinze livres de fustel coupé en morceaux , ou trois livres par pièce; et un second sac avec autant de bois jaune préparé de la même manière , et on laisse bouillir le tout pendant deux heures.

Durant ce temps-là on fait infuser d'une part quinze livres de garance dans une comporte d'eau , ou trois livres par pièce, et bouillir de l'autre part trois livres trois quarts de noix de galle dans une petite chaudière , la noix de galle étant concassée fort menue. Cela étant fait , on jette l'infusion de la garance et la décoction de la noix de galle dans le bain , en les passant par un tamis. On le pallie fortement , et on le laisse bouillir une demi-heure.

On pallie de nouveau , et l'on y passe les cinq pièces de drap ; on les y laisse une heure, ou une heure et demie; et pendant ce temps-là on fait, 1º. bien bouillir le bain : 2º. on démêle , élargit et enfonce les draps à tout moment , pour qu'ils prennent la couleur également sur toute leur superficie; on les lève ensuite sur la civière, on les abat sur le chevalet, et on les passe et repasse pour les faire refroidir.

On aura fait dissoudre dans une petite chaudière deux livres et demie, ou une demi-livre par pièce, de couperose, avec un peu de bois de Brésil pour les brunir légèrement, ce qui se fait en jetant quelques seaux de teinture de la petite chaudière dans le bain où on a teint les draps; sur lequel on les brunit deux à deux, ainsi qu'il a été dit ci-dessus.

Remarque.

On peut suivre la proportion des doses suivantes pour toutes sortes de draps ou d'étoffes qu'on voudra teindre en couleur bleu de ciel.

Bouillon.

Trois onces et demie d'alun par livre d'étoffe, ou environ.

Une once de tartre sur trois livres d'étoffe.

Couleur.

Deux onces de bois de fustel par livre d'étoffe.

Autant de bois jaune.

Autant de garance.

Une demi - once de noix de galle par livre d'étoffe , et un peu de couperose.

Remarque.

On doit observer que pour faire cette couleur, il y a des Teinturiers qui se dispensent de faire bouillir les draps, et qui se contentent, après que les draps ont été mis en bleu , de faire le bain pour la couleur du drap, en y mettant les drogues qui ont été mentionnées, et y ajoutant cinq à six livres d'alun ; au moyen de quoi ils font d'une pierre deux coups , comme on dit. Ils épargnent ainsi et le bois nécessaire à faire bouillir un bain , et le temps de trois ou quatre heures que le bouillon dure ; mais aussi il faut convenir que ces épargnes sont bien préjudiciables aux draps , dont les couleurs sont si légères qu'elles s'effacent très-aisément, au lieu qu'elles subsistent long temps quand on les a préparées par un bouillon.

Noisettes sans être empastelées, de plusieurs nuances.

Noisette jaunâtre ou dorée.

On prépare un bain frais pour les faire bouillir, avec vingt livres d'alun, ou quatre livres par pièce. On fait dissoudre l'alun, et l'on pallie ; le bain étant prêt à bouillir, on y passe les draps qu'on y laisse pendant trois heures ; on les lève ensuite, et on les fait refroidir.

On prépare ensuite deux bains frais; l'un pour y tremper les cinq pièces de drap, quand l'eau est tiède, et l'autre pour y faire la couleur.

Avant de faire ce dernier, on place dans le fond de la chaudière quinze livres de gaude, ou trois livres par pièce, sur laquelle on pose une croix de bois attachée par une vis à la chaudière , pour contenir la gaude dans sa place.

On y met ensuite quinze livres de bois jaune dans un sac, coupé en éclats.

On fait infuser à part dix-huit livres de bonne garance , et bouillir deux livres et demie de noix de galle. On verse la teinture de ces deux drogues dans le bain , en les passant par un tamis. On le pallie plusieurs fois , et on le fait bouillir pendant une heure avant que d'y mettre les draps. On les y passe ensuite , et on les y fait bouillir l'espace de deux heures. On observe de les bien démêler et enfoncer, pour que la couleur soit unie. Par la même raison , dès qu'on les a sortis du bain, il faut les éventer en les passant et repassant à bras d'un bout à l'autre , jusqu'à ce qu'ils soient refroidis.

On a omis , au reste , de dire qu'il faut mettre dans le bain un petit ballot de racines de noyer.

On aura fait bouillir dans la petite chaudière , deux livres et demie de couperose , ou une demi-livre par pièce , avec un peu de bois de Brésil , pour les brunir, en prenant de cette teinture, et en en versant dans le bain sur lequel la couleur aura été faite.

Remarque.

La proportion des doses qui ont servi à faire la noisette, doit être pour toutes sortes de draps :

Deux onces et deux tiers par livre d'étoffe, d'alun de Rome, pour le bouillon.

Deux onces de gaude par livre d'étoffe.

Deux onces de bois jaune.

Deux onces et demie de garance.

Noix de galle et couperose à l'ordinaire.

Noisette vineuse.

On fait bouillir les draps qu'on destine à cette couleur avec vingt livres d'alun de Rome, ou quatre livres par pièce.

On prépare ensuite un bain frais sur lequel on fait tremper les draps, quand l'eau est bien chaude. Après les avoir retirés, l'on se sert du même bain pour y faire la couleur. Pour cet effet on y met un sac qui contient cinq livres de brésil, quatre livres de bois jaune, et une livre de campêche en éclats ; alun, deux livres et demie.

On fait infuser à part quinze livres de garance inférieure, ou trois livres par pièce : cinq livres de garance fine dans une autre comporte, et bouillir trois livres de noix de galle.

Cela étant fait, on en verse la teinture dans le bain, en la passant par un tamis. On pallie, et on fait bouillir le tout une heure ou une heure et demie.

Après ce temps-là on y passe les cinq pièces de drap; on les y fait bouillir deux heures de temps, en observant de les bien démêler, élargir et enfoncer ; on les retire, et on les évente pour les faire refroidir en la manière accoutumée.

On les fait brunir ensuite sur le même bain, avec de l'eau qu'on y a préparée dans une petite chaudière avec une livre un quart de couperose; car cette couleur demande une bruniture extrêmement foible.

Remarque.

Les doses de cette espèce de noisette pour toutes sortes de draps et d'étoffes, sont selon la proportion suivante :

Pour le bouillon.

Alun de Rome, deux onces deux tiers par livre d'étoffe.

Couleur.

Bois de Brésil, deux onces sur trois livres d'étoffe.

Bois jaune, un cinquième de moins.

Campêche, une partie sur cinq de brésil.

Alun, une partie sur deux de brésil.

Garance inférieure, deux onces par livre d'étoffe.

Garance fine, une partie sur trois parties de garance inférieure.

Noix de galle, trois parties sur cinq de garance fine.

Et un peu de couperose.

Noisette tirant sur la couleur de cire.

Pour faire cette couleur, on fait un bain frais pour le bouillon : vingt livres d'alun, ou quatre livres par pièce, suffisent encore. Etant fondu, on fait bien pallier, on augmente le feu, et le bain étant prêt à bouillir, on y passe les cinq pièces de drap, qu'on suppose toujours qu'on doit teindre à la fois, et on les y fait bouillir pendant deux heures. On les lève ensuite, on les évente et on les fait refroidir.

On prépare deux bains frais. Le premier pour y faire tremper les draps quand l'eau est tiède, et le second pour y faire la couleur.

Pour cet effet on y met un ballot de racines qu'on fait bouillir pendant une ou deux heures, sans y mettre d'autres drogues. On remarquera qu'avant de remplir le bain, on met au fond de la chaudière douze livres et demie de gaude, ou deux livres et demie par pièce ; on la fait donc bouillir avec le ballot de racines, ensuite de quoi on met dans un sac douze livres et demie de bois jaune, et deux livres et demie de brésil coupés en éclats : on les fait bouillir encore une bonne heure.

On a soin de faire infuser à part quinze livres de garance fine, ou trois livres par pièce, et dix livres de garance commune.

On fait encore bouillir dans une chaudière particulière, trois livres trois quarts de galle.

Lorsque le bois de Brésil et le bois jaune ont bouilli le temps convenable, on verse dans le bain l'infusion de la garance fine et de la garance commune et la décoction des galles. On fait pallier le tout, et on le fait bouillir pendant une heure.

Alors on y passe les cinq pièces de drap, et on les y laisse deux heures. Pendant ce temps-là on fait bouillir le bain à grands traits ; on démêle, on élargit et on enfonce les draps soigneusement ; on les lève ensuite sur la civière, on les abat sur le chevalet, on les évente et on les fait refroidir.

Pendant le temps qu'on auroit fait la couleur, on aura préparé la bruniture dans une petite chaudière à un quart de livre

livre de couperose par pièce , et on s'en servira en la manière accoutumée.

Il est bon d'observer que, quand on a dit dans le cours de ces mémoires , que pour certaines couleurs il falloit préparer deux bains frais , l'un pour y faire la couleur , l'autre pour y tremper les draps auparavant : quand on s'est exprimé ainsi , on a sous-entendu que cela devoit être de même , supposé que le Teinturier n'eût point toujours un bain frais de prêt , comme il est assez ordinaire d'en avoir ; car dans ce dernier cas il ne seroit nécessaire que d'en faire un seul , et de faire chauffer modérément celui qu'on auroit déjà.

Remarque.

Les doses de cette espèce de noisette pour toutes sortes de draps et d'étoffes , sont selon la proportion suivante :

Bouillon.

Alun de Rome , deux onces deux tiers par livre d'étoffe.

Part. 1.   I

Couleur.

Une once et trois quarts de gaude par livre d'étoffe.

Autant de bois jaune.

Une once de bois de Brésil sur trois livres d'étoffe.

Deux onces de garance fine par livre d'étoffe.

Deux parties de garance commune sur trois de garance fine.

Une demi-once de noix de galle par livre d'étoffe.

Et une légère bruniture.

Noisette vif tirant sur la couleur de prune.

Pour faire cette couleur, on fait un bain frais pour y faire bouillir les draps. On y met dissoudre vingt-sept livres et demie d'alun de Rome, ou cinq livres et demie par pièce. L'alun étant dissous, on pallie le bain et on le chauffe. Etant prêt à bouillir, on y passe les draps, et on les y retient trois heures durant, en faisant aller le bouillon à grands traits; après cela on les retire en la manière accoutumée.

On prépare deux bains frais, l'un pour faire tremper les draps dans de l'eau tiède, l'autre pour faire la couleur.

Dans celui-ci on y met cinq livres de brésil Sainte-Marthe, dix livres de bois jaune, ou deux livres par pièce. On fait bouillir le tout pendant une heure et demie.

Durant ce temps-là, on fait infuser dans une comporte pleine ou presque pleine d'eau, quinze livres de garance fine, ou trois livres par pièce, et autant de garance commune préparée séparément et de la même manière.

On fait bouillir encore deux livres et demie de galles dans une petite chaudière, après les avoir concassées bien menu.

On verse dans le bain les deux infusions de la garance et la décoction de la noix de galle, en les passant par un tamis. On pallie bien, et on fait bouillir le bain pendant une bonne heure.

On y passe les cinq pièces de drap

qu'on fait tourner sans discontinuer pendant deux heures. On fait aller toujours le bain à grands traits, et on démêle et on enfonce les draps à tout instant. Quand ils sont teints, on les lève sur la civière, on les abat sur le chevalet, et on les évente jusqu'à ce qu'ils soient refroidis.

On a préparé cependant la bruniture, en y mettant trois quarts de livre de couperose par pièce ; car, comme la couleur est vive, elle peut supporter un peu de bruniture, qui en la rendant un peu brune, la rend plus solide. On fait cette opération ainsi qu'on l'a expliqué ci-dessus ; ensuite de quoi on lave les draps.

Cette couleur est une de celles de noisette la plus agréable.

Remarque.

Les doses de cette espèce de noisette pour toutes sortes de draps et d'étoffes, doivent être selon la proportion suivante :

Bouillon.

Alun de Rome, trois onces et demie par livre d'étoffe.

Couleur.

Brésil Sainte-Marthe, deux onces sur trois livres d'étoffe.

Bois jaune, deux fois autant que du brésil.

Garance fine, deux onces par livre d'étoffe.

Garance commune, autant.

Noix de galle, une once sur trois livre d'étoffe ; mais comme la couleur est vive, et qu'elle peut supporter un peu plus de bruniture que les autres espèces de noisette, on peut y en mettre deux fois plus.

Une demi-once de couperose par livre d'étoffe.

Noisette à plein.

Les ouvriers appellent noisette à plein, une couleur où les nuances du jaune et du rouge sont tellement bien

confondues, qu'aucune d'elles ne domine l'autre.

Pour faire cette couleur, il faut
faire bouillir cinq pièces de drap dans
un bain frais, avec vingt-cinq livres
d'alun, ou cinq livres par pièce, et
pendant deux bonnes heures.

On prépare ensuite deux bains frais,
le premier pour y tremper les draps
quand l'eau est tiéde, le second pour
y faire la couleur.

On met au fond de la chaudière
qui contient le dernier, douze livres
et demie de gaude, ou deux livres et
demie par pièce, sept livres et demie
de bois jaune, mis dans un sac et
coupé en morceaux, ou une livre et
demie par pièce.

Trois livres trois quarts de brésil,
ou trois quarts de livre par pièce,
dans le sac du bois jaune, coupé
également.

On fait bouillir le tout une heure
et demie; pendant ce temps-là on a
préparé en la manière accoutumée,
vingt - cinq livres de garance fine
d'une part, et sept livres et demie de
commune, de l'autre part, avec deux

livres et demie de noix de galle , dans une petite chaudière.

Après donc que les bois jaune, de brésil et la gaude ont bouilli une heure et demie , on jette dans le bain l'infusion de la garance , soit fine , soit commune , et celle de la noix de galle. On pallie fortement , et on fait bouillir le tout une bonne heure.

Alors on fait pallier plusieurs fois , et on met les draps dans la chaudière ; on fait bouillir le bain deux heures , et l'on tourne les draps continuellement , en les enfonçant et démêlant ; on les retire ensuite , et on les fait refroidir.

Pendant que la couleur se donne aux draps , on prépare la bruniture. Cette couleur n'en exige qu'une très-légère , afin que la couleur noire ne domine pas trop, et n'affoiblisse point la vivacité et la fraîcheur des autres. C'est pourquoi on se contente de faire dissoudre une livre et un quart de couperose , ou un quart de livre par pièce , avec un peu de brésil , pour donner à la couleur un peu de fraîcheur , si elle n'en avoit pas assez. On donne la bruniture de la manière qu'il a été expliqué ci-dessus.

Remarque.

Les doses de cette espèce de noisette pour toutes sortes de draps et d'étoffes, doivent se donner selon la proportion suivante :

Bouillon.

Alun, trois onces et un tiers par livre d'étoffe.

Couleur.

Gaude, une once et deux tiers par livre d'étoffe.

Bois jaune, une once par livre d'étoffe.

Brésil, une demi-once.

Garance fine, trois onces et un tiers par livre d'étoffe.

Garance commune, autant que de bois jaune.

Noix de galle, un peu plus d'un quart d'once par livre d'étoffe.

Bruniture.

Elle doit être fort légère.

La couleur de noisette étant une des plus agréables de la teinture, elle se diversifie en cent manières différentes, dont on vient de décrire les principales. Il ne reste qu'à donner la recette d'une noisette qu'on ne bouillit point, pour avoir plutôt fait. Pour cet effet on choisira une noisette fort claire, quoique pleine.

Noisette à plein, un peu claire, faite tout d'un coup, ou à un seul bain.

On fait bien tremper, à deux ou trois reprises différentes, les draps qu'on destine à cette couleur. Dans le temps qu'on prépare le bain pour la leur donner, on les fait tremper ; quand l'eau est peu chaude, on les retire, en les faisant éventer jusqu'à ce qu'ils soient froids ; on les remet tremper de nouveau, on les retire, on les fait éventer, et ainsi une troisième fois.

Quand le bain où l'on doit faire la couleur est prêt et chaud, on y met les drogues suivantes, en supposant néamoins qu'on a dû y mettre, avant que de remplir la chaudière, dix livres de gaude.

Bois de Brésil, deux livres et demie.

Bois jaune, sept livres et demie.

Un ballot de racines.

On laisse bouillir le tout deux heures ; et pendant ce temps-là on fait infuser dix livres de garance fine, et dix livres de garance commune.

On fait bouillir dans une chaudière cinq livres de noix de galle.

Après que le bain a assez bouilli, on y verse l'infusion de la garance et de la noix de galle.

On y fait dissoudre en même temps dix livres d'alun, ou deux livres par pièce ; on pallie le tout, et on laisse bouillir le bain une grosse heure ; on pallie de nouveau, et on met dedans les cinq pièces de drap qu'on y fait bouillir pendant trois heures ; on les sort avec les précautions nécessaires, jusqu'à ce qu'ils soient refroidis.

On jette sur ce bain de l'eau brunie (qu'on aura préparée tandis que les draps prenoient la couleur, à un quart de livre de couperose par pièce), on y passe les draps deux à deux, en versant

de nouvelle eau brunie à chaque nouveau jet, et le tout comme on l'a expliqué ci-dessus, au moyen de quoi on
fait des noisettes à un seul bain.

C'est une grande facilité et une
épargne assez grande de faire des
noisettes selon cette méthode ; mais
aussi les couleurs s'en ressentent, et
ne sont pas aussi fixes que quand on
les prépare avec un bain, et sur-tout
avec le pastel ; on peut dire alors
qu'elles sont parfaites.

Remarque.

Les doses de cette espèce de noisette pour toutes sortes de draps et
d'étoffes, sont selon la proportion
suivante :

Gaude, une once et un tiers d'once
par livre d'étoffe.

Brésil, un tiers d'once.

Bois jaune, une once.

Garance fine, autant que de gaude.

Garance commune, *idem.*

Noix de galle, la moitié moins.

Alun, autant que de bois jaune.

Et une légère bruniture.

I 6

Couleur de marron, et les manières différentes de les faire.

Pour teindre cinq pièces en cette couleur, on fait mettre les draps en bleu un peu moins foncé que le bleu de roi, et un peu plus que le bleu d'azur. On les envoie au foulon pour les y faire dégorger et laver, et au retour on prépare un bain frais pour les faire bouillir.

On fait dissoudre dans ce bain vingt-cinq livres d'alun, ou cinq livres par pièce ; on fait chauffer le bain, et lorsqu'il est prêt à bouillir, on y met les cinq pièces de drap ; on augmente le feu pour faire aller le bain à grands traits, et on l'entretient sur ce pied-là trois heures de temps. On tourne les draps sans discontinuer, on les démêle et enfonce de même, et à la fin on les lève sur la civière, et on les abat sur le chevalet, où on les fait refroidir, en les passant et repassant à diverses fois.

Les draps ainsi bouillis doivent être passés sur un gaudage tel qu'il le faut pour devenir clairs ; car la couleur jaune doit y être très-foible, quoique le fond de pastel soit si plein. On peut avoir recours à l'article des verds, pour reconnoître la manière dont on s'y prend pour faire ce gaudage.

On prépare ensuite un bain frais, dans lequel on fait bien tremper les cinq pièces de drap lorsque l'eau commence à être chaude.

Etant sortis, on augmente le feu, et cependant on fait infuser dans une comporte pleine, ou presque pleine d'eau, à l'aide d'un peu de chaux, vingt livres de garance fine.

On fait bouillir également pendant ce temps-là, dix livres de noix de galle, ou deux livres par pièce, dans une petite chaudière.

On verse dans le bain la teinture de la garance, et celle de la noix de galle, en les passant par un tamis. On fait bouillir le bain pendant une bonne heure; après quoi on met les draps dedans; on les fait bouillir deux heures de temps, et on ne cesse de les tourner, de les élargir et de les enfoncer, pour que la couleur soit unie. On les lève et on les fait refroidir en la manière accoutumée.

Pendant ce temps-là on a rempli la petite chaudière, dans laquelle on a fait dissoudre et bouillir dix livres de couperose, à deux livres par pièces, et un peu de bois de Brésil dans un sac.

Quand les draps sont sortis du bain, on y verse dedans quelques seaux d'eau brunie ; on bouillit et pallie le tout, et on y fait passer deux pièces de drap pour les brunir.

Si la quantité d'eau brunie qu'on y aura mise ne suffisoit point pour la nuance qu'on auroit résolu de donner aux couleurs de marron, on y en ajouteroit un peu davantage, après avoir retiré les draps, et les avoir fait éventer, passer et repasser, et refroidir ; car c'est une maxime générale, que toutes les fois qu'on sort des draps d'une chaudière, il faut les éventer jusqu'à ce qu'ils soient refroidis, n'y eût-il que de l'eau pure, sans mélange d'aucune drogue. Après donc les avoir retirés et fait refroidir, on les remet dans la chaudière pour achever de les mettre à la nuance que l'on souhaite, et de même des autres pièces.

Après cela on fait laver et dégorger

ces draps, pour que la bruniture ne se décharge point sur le linge quand on en porte des habits.

Remarque.

Les doses de marron pour toutes sortes de draps et d'étoffes, sont selon la proportion suivante :

Ils doivent être empastelés à une nuance plus forte que le bleu d'azur, etc.

Bouillon.

Il se fait avec trois onces un tiers d'alun de Rome par livre d'étoffe.

Gaudage.

On le fait à la nuance des verds clairs.

Garançage.

Deux onces et deux tiers de garance fine par livre d'étoffe.

La moitié moins de noix de galle que de garance.

Bruniture.

Autant de couperose que de noix de galle.

Bois de Brésil , une partie sur deux parties de couperose.

Couleur de marron sans être empastelée , et un peu plus vive que la précédente.

On fait préparer un bain frais, dans lequel on fait dissoudre vingt - cinq livres d'alun, ou cinq livres par pièce, et trois livres trois quarts de tartre rouge, ou douze onces par pièce, bien pilé et tamisé. Le bain étant prêt à bouillir , on y met les draps, et on les y laisse trois heures , en les tournant sans cesse, et on les retire.

Le bouillon étant fait et les draps refroidis , on les envoie à la rivière pour les faire laver.

Au retour, on prépare un bain frais ; et quand il commence à se chauffer , on y fait tremper les draps.

Après les avoir sortis , on met dans le bain trente livres de garance fine , qu'on laisse dissoudre doucement, on pallie fortement , et l'eau étant prête à bouillir, on y passe les cinq pièces de drap , on les fait bouillir pendant deux heures , et ensuite on les lève, on les évente, et on les laisse refroidir.

Pendant qu'on donne la teinture de la garance aux draps, on prépare la bruniture dans une petite chaudière avec cinq livres de couperose et deux livres et demie de brésil ; et on s'en sert en la manière ordinaire.

On a omis de dire que, lorsqu'on met la garance dans la chaudière, on doit avoir préparé dans un lieu particulier cinq livres de noix de galle, dont la teinture étant versée dans le bain de la garance, doit bouillir avec elle une bonne heure, avant que d'y mettre les draps.

Cette espèce de marron n'ayant point un pied de gaudage comme le précédent, ne doit pas être ni si beau, ni si bon ; cependant on en fait beaucoup de cette manière là, par les raisons qu'on expliquera dans la suite.

On doit observer qu'avant que de les brunir, il faut les faire bien laver à la rivière, à cause du marc de la garance, et les faire dégorger après la bruniture.

Remarque.

Les doses de marron de cette seconde espèce pour toutes sortes de draps et d'étoffes, doivent être selon la proportion suivante :

Bouillon.

Trois onces et un tiers d'alun par livre d'étoffe.

Une demi-once de tartre rouge.

Rougie ou garançage.

Quatre onces de garance par livre d'étoffe.

Deux onces de noix de galle sur trois livres d'étoffe.

Bruniture.

Autant de couperose que de noix de galle, et la moitié moins de bois de Brésil.

Autre espèce de couleur de marron sans pastel.

On fait bouillir cinq pièces de drap avec trente livres d'alun, ou six livres par pièce, et trois livres trois quarts de tartre rouge, ou douze onces par pièce ; ces drogues étant dissoutes, on met les draps dedans, et on les y laisse pendant trois heures ; puis on les retire, et on les fait refroidir et laver.

On prépare un nouveau-bain, sur lequel on fait tremper les draps quand l'eau commence à être chaude ; ensuite on y met un petit ballot de racine de noyer, et trente-cinq livres de rodoul, ou sept livres par pièce.

On laisse bouillir une heure et demie ces drogues ensemble.

Durant ce temps là on fait infuser à part dans deux comportes, vingt-cinq livres de garance fine dans l'une, et quinze livres de commune dans l'autre.

On verse dans le bain ces deux infusions, et on laisse bouillir le tout pendant une heure ; ensuite de quoi on y met les draps pour leur faire prendre la couleur. On les fait bouillir pendant deux heures, et on observe de les bien démêler et enfoncer : on les lève ensuite sur la civière, on les abat sur le chevalet, et on les fait refroidir.

Tandis qu'on donne ainsi la couleur, on prépare la bruniture dans une chaudière particulière, avec sept livres et demie de couperose, et la moitié pesant de bois de Brésil.

Les draps étant sortis du bain, on y verse de l'eau brunie, et l'on s'en sert à l'ordinaire, en ne brunissant jamais que deux pièces à la fois.

Remarque.

Les doses de marron de cette troisième espèce, pour toutes sortes de draps et d'étoffes, se donnent selon la proportion suivante.

Bouillon.

Quatre onces d'alun de Rome par livre d'étoffe, et une demi-once de tartre.

Garançage.

Rodoul, cinq onces par livre d'étoffe.

Garance fine, trois onces et un tiers.

Garance commune, deux onces.

Bruniture.

Une once de couperose par livre d'étoffe.

Et une demi-once de bois de Brésil.

On n'emploie point de la noix de galle pour cette couleur, parce que le redoul fait à-peu-près le même effet.

Couleur de cannelle, et ses différentes espèces.

Cannelle ordinaire.

Pour teindre cinq pièces de drap en cette couleur, on doit les empasteler à la nuance de bleu de ciel ; on les envoie au foulon, où on les lave, etc.

On prépare un bain frais sur lequel on les fait bouillir, en y mettant vingt-cinq livres d'alun, ou cinq livres par pièce. On les laisse dans la chaudière trois heures entières ; on les lève et on les fait refroidir, et on fait le gaudage.

Gaudage.

On prépare un bain frais, au fond duquel on place quinze livres de gaude ; on y met ensuite un sac de bois jaune coupé en éclats, et on fait prendre au bain cinq ou six bouillons ; on y met les draps, et on les y laisse long-temps, afin de leur faire prendre autant de teinture qu'il est possible. On entretient le bain sur le pied de bouillir modérément, et on ne cesse de tourner et enfoncer les draps.

La couleur étant prise, on les lève, on les évente et on les fait sécher.

On prépare un nouveau bain ; ou si on veut faire l'épargne, on se sert du même bain du gaudage, en faisant remplir la chaudière de nouvelle eau. On fait faire du feu, et tandis que ce bain chauffe, on fait dissoudre vingt livres de garance à part ; on fait en même temps bouillir deux livres et demie de noix de galle, dans une petite chaudière.

On met dans le bain la teinture de ces deux drogues, qu'on fait bouillir une heure ensemble, après quoi on pallie et on met les draps dedans ; on les fait bouillir pendant deux heures entières ; ensuite de quoi on les retire, on les évente et on les fait refroidir.

Tandis que les draps prennent la couleur, on prépare la bruniture à l'ordinaire, en y mettant seulement deux livres et demie de couperose, ou une demi-livre par pièce. On se sert de cette eau brunie, de la même manière qu'il a été expliqué ci-dessus.

Remarque.

Les doses des cannelles pour toutes sortes de draps et étoffes, sont selon la proportion suivante :
Le fond doit être d'un bleu de ciel.

Bouillon.

On y emploie trois onces et un tiers d'alun de Rome par pièce d'étoffe.

Gaudage.

Deux onces de gaude par livre d'étoffe.
Deux onces et demie de bois jaune.

Garançage.

Deux onces et deux tiers de garance fine par livre d'étoffe.
Une once de noix de galle sur trois livres d'étoffe.

Bruniture.

La moitié moins de couperose que de noix de galle, et tant soit peu de bois de Brésil.

Cannelle brûlée.

On fait empasteler cinq pièces de drap en bleu d'azur, on les envoye au foulon pour y être lavées.

Sur un bain frais, on fait dissoudre trente livres d'alun, ou six livres par pièce. On pallie, et on y passe les draps qu'on y fait bouillir pendant trois heures, en les tournant et enfonçant continuellement ; on les lève, on les sort de la chaudière, on les évente, et on les laisse refroidir.

On prépare ensuite un bain pour le gauder, dans lequel on n'a mis que quinze livres de gaude, et cinq livres de bois jaune. Les draps étant gaudés et refroidis, on prépare sur le même bain le garançage ; ce qu'on fait, en y mettant la dissolution de trente-cinq livres de garance qu'on aura fait infuser à part, de même que cinq livres de noix de galle : le tout étant dans le bain, on le pallie, et on le fait bouillir

une

une heure avant que d'y mettre les draps. On les y passe ensuite, et on les y fait bouillir à grands traits deux heures de temps; on les lève et on les fait refroidir.

Tandis qu'ils prennent la couleur, on prépare dans la petite chaudière la bruniture que l'on fait avec deux livres et demie de couperose, ou une demi-livre par pièce et la moitié moins de brésil.

On prend quelques seaux de cette eau qu'on verse dans le bain; on le fait pallier, et on y passe deux pièces de drap qu'on y laisse assez long-temps, parce que cette couleur demande d'être assez brunie.

Remarque.

Les doses de ce cannelle pour toutes sortes de draps et d'étoffes, se donnent selon la proportion suivante :
Un bleu d'azur.

Pour le bouillon.

Quatre onces d'alun par livre d'étoffe.

Part. I.   K

Pour le gaudage.

Deux onces de gaude par livre d'étoffe.

Une partie de bois jaune sur trois de gaude.

Pour le garançage.

Environ quatre onces trois quarts de garance par livre d'étoffe.

Deux onces de noix de galle sur trois livres d'étoffe.

Pour la bruniture.

Couperose, une partie sur deux de noix de galle, et la moitié moins de bois de brésil.

Cannelle clair.

On peut empasteler les draps à quelques nuances de moins que le bleu de ciel ; on les envoie au foulon, et on les fait laver, etc.

On prépare un bain frais, dans lequel on fait dissoudre vingt livres d'alun de Rome, ou quatre livres par pièce. On augmente le feu, et on met les draps dedans ; on les fait bouillir trois bonnes heures, en observant de les bien élargir, démêler et enfoncer.

Au bout de ce temps-là, on les lève sur la civière, on les abat sur le chevalet ; on les évente jusqu'à ce qu'ils soient refroidis.

On prépare un nouveau bain pour le gaudage, dans lequel on met uniquement vingt-cinq livres de gaude ; on la fait bouillir une demi-heure, afin que le bain se charge de toute sa couleur : puis on y met les draps, qu'on y laisse aussi long-temps qu'ils se chargent de la couleur jaune, en les tournant toujours ; on les sort, et on les fait refroidir à l'ordinaire.

On fait remplir ce bain de gaudage, qui a dû se diminuer de sept à huit travers de doigt, et on y fait bon feu pour l'échauffer au plutôt : cependant on fait infuser quinze livres de garance dans une comporte, et bouillir dans une chaudière deux livres et demie de galle.

Lorsque la chaudière est prête à bouillir, on y verse ces deux infusions, et on les laisse bouillir pendant une bonne heure ; on pallie ensuite le bain, et l'on y met les cinq pièces de drap ;

on les tourne incessamment pendant deux heures qu'on les y laisse pour y prendre la couleur , et le bain ne doit pas manquer de bouillir à grands traits; on lève ensuite les draps , on les évente et on les fait refroidir.

Tandis qu'on leur donnoit la couleur , on aura dû préparer la bruniture dans une petite chaudière , à un quart de livre par pièce. On se sert de cette eau de la manière ordinaire , en en versant dans le bain sur lequel on vient de faire les couleurs.

Remarque.

Les doses de ce cannelle pour toutes sortes de draps et d'étoffes , sont selon la proportion suivante :

Pour le pied , il doit être d'un bleu de ciel un peu clair.

Pour le bouillon.

Deux onces deux tiers d'alun de Rome par livre d'étoffe.

Pour le gaudage.

Trois onces et un tiers de gaude par livre d'étoffe.

Pour le garançage.

Deux onces de garance par livre d'étoffe, et une once de noix de galle sur trois livres d'étoffe.

Pour la bruniture.

Elle doit être fort légère.

Cannelle doré.

On y met les draps en bleu de ciel, et on les envoie au foulon pour les y dégorger et laver.

Au retour, on prépare un bain pour le bouillon, dans lequel on fait dissoudre vingt-cinq livres d'alun. On augmente le feu, et on met les draps dedans ; on les fait bouillir pendant trois heures, et on ne cesse de les tourner, démêler, élargir et enfoncer ; on les lève, on les sort de la chaudière, et on les fait refroidir.

On prépare un bain pour le gaudage, dans lequel on met vingt-cinq livres de gaude, et autant de bois jaune. On fait bouillir le tout pour en exprimer la teinture, et on y passe les draps ; on les tourne sans cesse, et on les y laisse jusqu'à ce qu'ils ne puissent plus prendre de teinture ; on les lève alors , et on les fait refroidir.

On verse de l'eau dans ce bain pour achever de remplir la chaudière , et l'on augmente le feu pour redonner au bain le degré de chaleur que l'eau froide lui a ôté.

On prépare en attendant vingt-cinq livres de garance , ou cinq livres par pièce , et deux livres et demie de noix de galle en la manière ordinaire.

Le bain étant prêt , on y verse l'infusion de ces deux drogues, et on les laisse bouillir une heure ; on pallie alors et on y met les draps dedans ; on les y laisse bouillir deux heures de suite, et on n'omet point de les bien enfoncer , etc. pour rendre la couleur unie et égale par - tout. Après deux heures de temps, on lève les draps, on les sort de la chaudière, on les évente, et on les fait refroidir.

On aura préparé , dans le temps que les draps prenoient leur couleur, on aura préparé , dis-je , la bruniture en la manière ordinaire, avec deux livres et demie de couperose, et la moitié moins de bois de Brésil : on sait l'usage qu'on en fait.

Remarque.

Les doses de ce cannelle pour toutes sortes de draps et d'étoffes, sont selon la proportion suivante :

Le pied du pastel à la nuance de bleu de ciel.

Pour le bouillon.

Alun de Rome, trois onces et un tiers par livre d'étoffe.

Pour le gaudage.

Gaude, autant que d'alun.
Bois jaune, *idem.*

Pour le garançage.

Garance, autant que d'alun.
Noix de galle, une once sur trois livres d'étoffe.

Pour la bruniture.

Couperose autant que de noix de galle.
Bois de Brésil, la moitié moins.
Très-souvent on ne brunit point ces couleurs ; et quand cela arrive, c'est très-légèrement.

K 4

Autre cannelle plus doré et plus brillant.

On met les draps en bleu de ciel, ou on les envoie au foulon, &c.

On prépare un bain frais pour les faire bouillir ; on y fait dissoudre vingt-cinq livres d'alun, ou cinq livres par pièce. On y passe les draps, et on les y laisse trois heures ; on les en retire ensuite, et on les évente jusqu'à ce qu'ils soient refroidis.

On prépare un bain pour le gaudage, dans lequel on fait entrer vingt livres de gaude, autant de bois jaune, et quinze livres de fustel coupé en éclats et mis dans un sac ; on fait bouillir ce bain deux heures ; on pallie ensuite, et on y met les draps ; on les tourne continuellement deux à trois heures, en les démêlant et enfonçant. Quand ils ont pris toute la teinture possible, on les lève sur la civière, on les abat sur le chevalet, on les évente jusqu'à ce qu'ils soient refroidis.

On fait verser de l'eau dans le bain du gaudage, et on y fait dissoudre tout d'abord deux livres et demie d'a-

lun, ou demi-livre par pièce. On y
jette encore un sac de cinq livres pesant de bois de Brésil, et on laisse le
tout une heure, pendant laquelle on
fait d'une part infuser dans une comporte vingt-cinq livres de garance, et
de l'autre part bouillir cinq livres de
noix de galle dans une petite chaudière.

Au bout de ce temps-là on verse
dans le bain, et l'infusion et la décoction, et on le fait bouillir une bonne
heure ou une heure et demie; on pallie,
et on y fait entrer les draps qu'on y
fait bouillir au moins deux heures à
deux heures et demie ; on les tourne
incessamment, et après on les retire
et on les fait refroidir.

Tandis qu'on donne la couleur aux
draps, on prépare la bruniture dans la
petite chaudière à trois livres trois
quarts de couperose, ou trois quarts
de livre par pièce, et la moitié moins
de bois de Brésil. Les draps étant sortis
du bain, on y verse quelques seaux
d'eau brunie ; on pallie bien, et on la
laisse un peu bouillir; on y passe ensuite
deux draps en la manière ordinaire.

K 5

Remarque.

Les doses de ce cannelle pour toutes sortes de draps et d'étoffes, sont
selon la proportion suivante :
Le pied de pastel en bleu de ciel.

Pour le bouillon.

Alun de Rome, trois onces et un
tiers par livres d'étoffe.

Pour le gaudage.

Deux onces et deux tiers de gaude
par livre d'étoffe.
Bois jaune, autant.
Fustel, deux onces par livre de drap.

Pour le garançage.

Bois de Brésil, deux onces sur trois
livres d'étoffe.
Garance, trois onces et un tiers par
livre d'étoffe.
Noix de galle, la même dose que
de bois de Brésil.
Alun, la moitié moins que de noix
de galle.

Pour la bruniture.

Une demi-once de couperose par
livre d'étoffe.

Un quart d'once de bois de Brésil.

Les draps étant ainsi brunis, doivent être lavés soigneusement, pour éviter que la bruniture ne se décharge sur le linge.

Autres cannelles de différentes espèces sans être empastelés.

Cannelle brûlé.

On prépare un bain frais pour le bouillon; on y fait dissoudre trente livres d'alun de Rome; on y passe les draps, et on les y fait bouillir trois heures de temps; on prend soin de les démêler et enfoncer, puis on les lève, on les évente et on les fait refroidir.

On prépare un nouveau bain pour le gaudage, dans lequel on met quinze livres de gaude, ou trois livres de gaude par pièce, sept livres et demie de campêche, ou une livre et demie par pièce, et un ballot de racine de noyer; on fait bouillir le tout deux heures.

On y passe les draps qu'on y fait bouillir deux heures et demie; on les retire, on les évente, et on les fait refroidir.

On remplit la chaudière ; et tandis qu'elle chauffe, on fait infuser dans une comporte trente livres de garance ou six livres par pièce, et bouillir dans la petite chaudière cinq livres de noix de galle pilée et concassée.

On verse dans le bain la teinture de ces deux drogues, et on les laisse bouillir ensemble une heure ; après quoi on pallie, et on y passe les cinq pièces de drap : elles y restent deux heures et demie ; ensuite on les retire et on les fait refroidir.

Tandis qu'on donnoit le garançage aux draps, on a préparé la bruniture dans la petite chaudière, en y mettant deux livres et demie de couperose, et une livre et un quart de bois de Brésil qu'on aura fait bouillir ensemble environ deux heures ; on prend de cette eau pour brunir les draps en la manière ordinaire.

Remarque.

Les doses de ce cannelle pour toutes sortes de draps et d'étoffes, sont selon la proportion suivante :

Pour le bouillon.

Quatre onces d'alun par livre d'étoffe.

Pour le gaudage.

Deux onces de gaude par livre d'étoffe ou de drap.

La moitié moins de campêche.

Le même volume de racine de noyer que de gaude.

Pour le garançage.

Quatre onces de garance par livre d'étoffe.

Deux onces de noix de galle sur trois livres d'étoffe.

Pour la bruniture.

Couperose, la moitié moins que de noix de galle.

Bois de Brésil, la moité de la couperose.

Cannelle clair.

Pour faire cette couleur, il faut, sur un bain frais, faire dissoudre vingt-cinq livres d'alun, ou cinq livres par pièce. L'alun étant fondu, on pallie, et on y passe les cinq pièces de drap (qu'on suppose toujours que l'on teint à la fois). On les fait bouillir trois heures ; après quoi on les retire, on les évente et on les fait refroidir.

On prépare un nouveau bain pour le gaudage, que l'on fait avec trente livres de gaude seulement, ou six livres par pièce. Quand ce bain a bouilli un peu avec la gaude, pour se charger de tous les sels qui font la couleur, on y passe les draps, et on les y laisse tant qu'ils prennent de la couleur ; on les en retire, et on les fait refroidir.

Pour faire le garançage sur la même chaudière, on la remplit d'eau ; on y jette une comporte d'eau de racine ; et tandis que le bain chauffe, on fait infuser trente livres de bonne garance, et bouillir dans une petite chaudière cinq livres de noix de galle.

On verse la teinture de ces deux drogues dans le bain du gaudage, et on le fait bouillir une heure. On pallie ensuite, et on y passe les draps ; on les tourne sur la civière sans discontinuer, mais doucement, afin que le bain puisse bouillir à grands traits deux heures de temps ; on les démêle bien, on les met au large , on les enfonce à tout moment pour rendre la couleur unie; on les retire , et on les fait refroidir.

Tandis que les draps se garancent , on prépare la bruniture dans la petite chaudière , en y mettant seulement une livre et un quart de couperose , ou un quart de livre par pièce , et à proportion du bois de Brésil. Cette préparation et l'usage de l'eau brunie se font comme il a été déjà expliqué.

Remarque.

Les doses de ce cannelle pour toutes sortes de draps et d'étoffes , sont selon la proportion suivante :

Pour le bouillon.

Alun , trois onces et un tiers par livre d'étoffe.

Pour le gaudage.

Quatre onces de gaude par livre d'étoffe.

Pour le garançage.

Garance , autant que de gaude.
Eau de racine , à vue de pays.
Galle , deux onces sur trois livres d'étoffe.

Pour la bruniture.

Couperose, une partie sur quatre de noix de galle. Brésil la moitié moins.

Cannelle doré.

Pour teindre cinq pièces de drap en cette couleur, elles doivent être bouillies à cinq livres d'alun de Rome par pièce. On prépare donc un bain, dans lequel on fait dissoudre vingt-cinq livres d'alun ; on y passe les draps, et le bouillon doit durer trois heures ; on les retire, et on les fait refroidir.

On fait un nouveau bain pour le gaudage, dans lequel on met trente livres de gaude, trente livres de bois jaune, et un sac de racine de noyer ; on laisse bouillir le tout deux heures avant que d'y mettre les draps.

Après que le bain a bouilli modérément deux heures, on y passe les draps et on les laisse aussi long-temps qu'ils prennent la couleur jaune ; on entretient le bain au même degré de chaleur, c'est-à-dire, qu'on le fait toujours bouillir modérément ; on tourne sans cesse les draps, on les enfonce, &c.

on les retire ensuite, et on les fait refroidir.

Pour les garancer sur le même bain,
on fait remplir la chaudière, et on la
fait chauffer. En attendant, on fait
toujours infuser dans une comporte
trente-cinq livres de bonne garance,
et bouillir dans la petite chaudière
cinq livres de noix de galle.

Le bain étant prêt, on y verse l'infusion de la garance et la décoction de
la noix de galle, qu'on fait bouillir ensemble une heure et demie ; on pallie
ensuite, et on y passe les cinq pièces
de drap, qu'on y laisse bouillir fortement deux heures ; au bout de ce
temps-là on les retire, on les évente
et on les fait refroidir.

Tandis qu'on donne le garançage,
on prépare la bruniture dans la petite
chaudière, en y mettant deux livres et
demie de couperose, et une livre un
quart de brésil ; du reste, comme il a
été expliqué.

Remarque.

Les doses de ce cannelle pour toutes
sortes de draps et d'étoffes, sont selon la proportion suivante :

Pour le bouillon.

Trois onces et un tiers par livre d'étoffe.

Pour le gaudage.

Quatre onces de gaude par livre d'étoffe.

Autant de bois jaune.

Racine de noyer, le même volume que de gaude.

Pour le garançage.

Quatre onces et deux tiers de garance par livre d'étoffe.

Deux onces de noix de galle sur trois livres d'étoffe.

Pour la bruniture.

Couperose, la moitié moins que de noix de galle.

Bois de Brésil, à l'ordinaire.

Autre cannelle brûlé ou doré, plus vif et plus brillant.

Pour teindre cinq pièces de drap en cette couleur, on prépare un bain pour le bouillon, dans lequel on fait dissoudre vingt-cinq livres d'alun; on augmente le feu, et on y passe les cinq pièces de drap ; on les y fait bouillir trois heures ; après quoi on les retire, et on les fait refroidir.

On prépare un nouveau bain pour le gaudage, dans lequel on met vingt-cinq livres de gaude, autant de bois jaune coupé en morceaux et mis dans un sac de toile, et quinze livres de fustel préparé de la même manière ; on fait bouillir le tout pendant deux heures ; on y passe ensuite les draps, et on les y laisse autant qu'ils prennent de la couleur ; on les tourne sans cesse, on les démêle, on les élargit et on les enfonce à tous momens ; puis on les lève, on les évente, et on les fait refroidir.

On répare par de nouvelle eau qu'on verse dans le bain, la perte qu'il en a faite, et on y jette dedans un sac avec cinq livres de bois de Brésil, et l'on y fait dissoudre autant d'alun.

On aura dû pendant le gaudage faire infuser dans une comporte trente-cinq livres de garance fine, et bouillir cinq livres de galle dans une petite chaudière.

Supposant donc ces deux infusions

prêtes, on les versera dans le bain ; après que l'alun sera dissous ; on le palliera, et on le fera bouillir deux heures ; après ce temps-là, on y passe les cinq pièces de drap, on les laisse bouillir deux heures ; ensuite on les lève et on les fait refroidir.

Pendant qu'on leur donne le garançage, on apprête la bruniture avec deux livres et demie de couperose, et la moitié moins de brésil ; on s'en sert à la suite du bain de garançage, de la manière qui a été décrite.

Remarque.

Les doses de ce cannelle pour toutes sortes de draps et d'étoffes, sont selon la proportion suivante :

Pour le bouillon.

Alun de Rome, trois onces et un tiers par livres d'étoffe.

Pour le gaudage.

Trois onces et un tiers de gaude par livre d'étoffe.

Autant de bois jaune.

Deux onces de fustel par livre d'é-toffe.

Pour le garançage.

Deux onces de bois de Brésil sur trois livres d'étoffe.

Autant d'alun.

Quatre onces et deux tiers de garance par livre d'étoffe.

Noix de galle, autant que de brésil.

Pour la bruniture.

Couperose, la moitié moins que de noix de galle.

Bois de Brésil, la moitié moins que de couperose.

On vient de donner la recette des principaux cannelles qui sont en usage, lesquels se diversifient encore en cent manières différentes.

On va présentement finir ce qui regarde cette couleur, par un cannelle qu'on bouillira, gaudera et garancera tout à-la-fois. Quoique cette méthode ne soit guère en usage, pour ne rien omettre, on va le décrire.

Cannelle fait à un seul bain.

Pour teindre cinq pièces de drap, on prépare un bain frais, dans lequel on met les drogues suivantes :

Vingt-cinq livres d'alun de Rome.

Un sac de gaude de trente livres pesant.

Bois jaune, trente-cinq livres.

Brésil, cinq livres.

Garance en grappe, quarante livres.

Galles, cinq livres.

Un ballot de racine de noyer du même poids que celui de la gaude.

On fait bouillir toutes ces drogues deux heures ; après quoi on pallie le bain, et on y passe les draps ; on les fait bouillir deux heures et demie , en les tournant , enfonçant , démêlant , &c. pour que la couleur soit égale partout ; on les lève ensuite, on les évente et on les fait refroidir.

On aura préparé la bruniture en la manière ordinaire, à demi - livre de couperose, et un quart de livre de brésil par pièce ; et on s'en servira sur un bain frais , pour profiter de la suite du bain où on a teint les draps, qui doit être considérable , ou bien on attendra qu'on en ait profité pour y brunir.

Remarque.

Les doses des drogues de ce cannelle, pour toutes sortes de draps et d'étoffes, sont selon la proportion suivante :

Alun, trois onces et un tiers par livre d'étoffe.

Gaude, quatre onces.

Bois jaune, quatre onces un tiers.

Bois de Brésil, deux onces sur trois livres d'étoffe.

Racine de noyer, le même poids que la gaude.

Garance en grappe, cinq onces et un tiers par livre d'étoffe.

Noix de galle, autant que de brésil.

Couperose, la moitié moins que de noix de galle.

Brésil, pour la bruniture, la moitié moins que de noix de galle.

Couleurs de musc et de café, avec les deux manières différentes de les faire.

Musc.

Pour teindre cinq pièces en cette couleur, on doit les empasteler à une

nuance plus forte qne le bleu d'azur;
on les envoie au foulon pour les y faire
dégorger et laver , &c.

Pour le bouillon.

On fait dissoudre sur un bain frais
trente livres d'alun , ou six livres par
pièce ; on y passe les draps, et on les
y fait bouillir trois heures de suite :
on les lève , on les évente , et on les
fait refroidir.

Pour le gaudage.

On prépare un bain frais , dans lequel on jette un sac de gaude pesant
vingt livres ; un second sac de bois
jaune en éclats, pesant vingt-cinq livres : on fait bouillir ce bain , et l'on
y passe les draps , on les y laisse long-
temps, afin de leur faire prendre autant
de teinture qu'il leur est possible ; on
les tourne , on les démêle bien dans le
bain , on les élargit sur la civière , et on
les enfonce à tous momens , pour que
la couleur puisse être uniforme dans
tous les draps ; on les lève sur la civière , on les abat sur le chevalet ,
on les évente jusqu'à ce qu'ils soient
froids.

Pour

Pour le garançage.

On verse de nouvelle eau dans le bain du gaudage pour remplir la chaudière, que l'on fait chauffer en augmentant le feu ; on fait cependant dissoudre quinze livres de garance à part, c'est-à-dire, dans une comporte, et trois livres trois quarts de noix de galle, qu'on fait bouillir dans une petite chaudière pendant une heure et demie.

Le bain étant chaud, on y verse la teinture de la garance et de la noix de galle, qu'on fait bouillir une heure et demie ensemble ; on pallie ensuite le bain, et on y passe les draps ; on les fait tourner assez vîte pendant les deux ou trois premiers tours, afin qu'ils prennent la teinture également ; puis on les mène assez doucement, pour les laisser bouillir deux heures de suite, et pour cet effet on augmente le feu ; après ce temps-là on les lève sur la civière, on les abat sur le chevalet, on les évente jusqu'à ce qu'ils soient froids.

Tandis qu'on garançoit les draps, on aura dû préparer la bruniture dans la petite chaudière, en y faisant dissoudre et bouillir pendant deux heures, cinq livres de couperose, ou une livre par pièce, et deux livres et demie de brésil.

Le garançage étant fait, on verse sur le bain quelques seaux d'eau brunie; on pallie fortement, et on laisse prendre trois ou quatre bouillons fort légers, puis on y passe les draps de deux en deux pièces; et comme la couleur de musc, ainsi que celle de café, exigent une bruniture assez forte, on observera que, si après y avoir passé deux pièces de drap, les avoir sorties et fait refroidir, elles ne sont pas brunies à la nuance qui leur convient, on remet de nouveau dans le bain de l'eau brunie pour les repasser et les y laisser aussi long-temps qu'on le juge nécessaire.

Remarque.

Les doses de cette couleur pour toutes sortes de draps et d'étoffes, sont selon la proportion suivante :

Pour le bouillon.

Quatre onces d'alun par livre d'étoffe.

Pour le gaudage.

Deux onces et deux tiers de gaude par livre d'étoffe.

Trois onces et un tiers de bois jaune.

Pour le garançage.

Deux onces de garance par livre d'étoffe.

Une demi-once de noix de galle.

Pour la bruniture.

Deux onces de couperose sur trois livres d'étoffe.

La moitié moins de brésil, &c.

Couleur de café.

Pour teindre cinq pièces de drap en cette couleur, il faut les empasteler en bleu de roi, et les envoyer au foulon.

On fait bouillir ces draps sur un bain frais, avec trente livres d'alun, ou six livres par pièce ; on y laisse les draps trois heures de suite, puis on les retire et on les fait refroidir.

On prépare un nouveau bain pour le gaudage, dans lequel on met vingt livres de gaude et vingt-cinq livres de bois jaune coupé en morceaux et mis dans un sac ; on fait bouillir modérément ces drogues, après quoi on y passe les draps qu'on y fait bouillir, et qu'on laisse dedans tant qu'ils peuvent se charger de la teinture ; on les lève ensuite, on les évente, et on les fait refroidir.

On remplit la chaudière, en y versant de nouvelle eau, et on la fait chauffer en augmentant le feu ; on fait cependant dissoudre dans une comporte pleine d'eau, vingt livres de garance, ou quatre livres par pièce, et bouillir trois livres trois quarts de noix de galle pendant environ une heure et demie ou deux heures.

Lorsque le bain est parvenu au degré de chaleur convenable, on y verse l'infusion de la garance et de la noix de galle, en les passant par le tamis, et on les fait bouillir pendant deux heures ; on pallie ensuite, et on y passe les draps ; on les tourne continuellement, et on les y laisse deux autres heures pour prendre la couleur ; on les lève au bout de ce temps-là, on les abat sur le chevalet, on les évente jusqu'à ce qu'ils soient froids.

On aura dû préparer la bruniture avec six à sept livres de couperose, et du brésil à proportion, parce que cette couleur qui a un fond de pastel plus fort que le musc, exige aussi une bruniture un peu plus forte; et c'est à quoi on peut pourvoir, en y mettant cinq ou six onces de couperose de plus par pièce, qu'aux muscs.

Remarque.

Les doses de cette couleur pour toutes sortes de draps et d'étoffes, sont selon la proportion suivante :

Pour le bouillon.

Alun, trois onces par livre d'étoffe, après avoir été préalablement mise en bleu de roi, comme également les muscs doivent être teints en bleu d'azur; c'est ce qu'on a omis à la remarque sur cette couleur.

Pour le gaudage.

Trois onces et deux tiers de gaude par livre d'étoffe.

Deux onces et un tiers de bois jaune.

Pour le garançage.

Deux onces et deux tiers de ga-rance fine, par livre d'étoffe.

Une demi-once de noix de galle.

Pour la bruniture.

Environ une once de couperose par livre d'étoffe.

Bois de Brésil, la moitié moins.

Remarque.

Les couleurs brunies peuvent avoir, comme les claires, différentes nuances qui pourroient former différentes espèces de couleurs du même nom, comme on l'a expliqué à l'article des verds, noisettes, canelles, &c. mais ces différences n'étant pas fort sensibles dans les couleurs brunies, qui d'ailleurs ne sont pas du goût des Turcs, cela a été la cause qu'on n'a point donné de nom aux différentes nuances de ces couleurs, en sorte qu'on ne les fait différentes que par hasard; c'est pourquoi on se restreindra aux seules recettes qu'on vient de donner, pouvant suffire pour toutes sortes de couleurs de ce nom. On va néanmoins donner encore une recette de chacune de ces deux couleurs sans être empastelées, après quoi on passera à d'autres.

Musc sans être empastelé.

On fait bouillir cinq pièces de drap avec trente livres d'alun de Rome, ou six livres par pièce, pendant trois heures; après quoi on les retire et on les fait refroidir.

On prépare un nouveau bain pour le gaudage, dans lequel on met vingt livres de gaude, autant de bois jaune et douze livres et demie de campêche, ou deux livres et demie par pièce, avec un ballot de racines de noyer du volume de la gaude.

On fait bouillir ces drogues ensemble deux heures de temps, après lesquelles on passe les draps dans le bain; on les y laisse aussi long-temps qu'ils prennent de teinture; on les lève ensuite, on les évente et on les fait refroidir.

On remplit la chaudière du gaudage, en y versant plusieurs comportes d'eau, et l'on augmente le feu, tandis qu'on fait dissoudre ou infuser dans une comporte vingt-cinq livres de garance fine, ou cinq livres par piece, et bouillir dans la petite chaudière environ une heure et demie à deux heures, cinq livres de galle.

Les deux infusions étant prêtes, on les verse dans le bain, en les passant par un tamis; on le pallie, et on le fait bouillir deux heures.

On y passe ensuite les draps, et on les y fait bouillir deux heures et demie en les tournant fort doucement; on les démêle, on les enfonce à tout moment. La couleur étant prise, on les lève, on les abat sur le chevalet, et on les évente jusqu'à ce qu'ils soient froids.

On prépare la bruniture dans la petite chaudière en la manière ordinaire, en y faisant dissoudre et bouillir pendant deux heures, cinq livres de couperose, ou une livre par pièce, et deux livres et demie de bois de Brésil. On se sert de ces eaux brunies de la manière qui a été décrite ci-dessus.

Remarque.

Les doses des drogues qui entrent dans cette couleur pour toutes sortes de draps et d'étoffes, sont selon la proportion suivante :

Pour le bouillon.

Alun de Rome, quatre onces par livre d'étoffe.

Pour le gaudage.

Deux onces et deux tiers de gaude par livre d'étoffe.

Autant de bois jaune.

Une once et trois quarts de campêche aussi par livre d'étoffe.

Racine de noyer, le même volume que de gaude.

Pour le garançage.

Trois onces et un tiers par livre d'étoffe.

Deux onces de galle sur trois livres d'étoffe.

Pour la bruniture.

Couperose, autant que de galle.
Brésil, la moitié moins.

L 5

Café sans être empastelé.

Pour teindre cinq pièces de drap en cette couleur, il faut les bouillir avec trente livres d'alun.

On prépare ensuite un bain frais pour les gauder, dans lequel on met les drogues suivantes :

Une livre de gaude.

Une livre de bois jaune en éclats, mis dans un sac.

Quinze livres de campêche, et un ballot de racine de noyer du même volume que celui de la gaude.

On fait bouillir toutes ces drogues ensemble deux heures, après quoi on y met les draps; on les y laisse aussi long-temps qu'ils montent en couleur; ensuite on les lève, on les évente, et on les fait refroidir à l'ordinaire.

On fait le garançage sur le même bain, après y avoir fait verser de nouvelle eau; pour cet effet, on fait infuser trente-cinq livres de garance fine dans une comporte pleine d'eau, et bouillir dans la petite chaudière, dix livres de noix de galles concassées, et dix livres de rodoul ; et cela deux heures de temps.

Les infusions ou teintures étant prêtes, on les verse dans le bain en les passant par un tamis ; on les fait bouillir une à deux heures, puis on y passe les draps, on les y laisse deux heures de suite, et on les retire, on les évente et on les fait refroidir.

Dans le temps qu'on leur donne le garançage, on prépare la bruniture en faisant dissoudre et bouillir dans la chaudière qui sert à cet usage, sept livres et demie de couperose, ou une livre et demie par pièce, avec deux à trois livres de brésil coupé en morceaux ; on s'en sert pour brunir les cafés en la manière ordinaire.

Remarque.

Les doses des drogues qui entrent dans cette couleur, pour toutes sortes de draps et d'étoffes, sont selon la proportion suivante :

Pour le bouillon.

Alun de Rome, quatre onces par livre d'étoffe.

L 6

Pour le gaudage.

Deux onces et un tiers de gaude par livre d'étoffe.

Autant de bois jaune.

Deux onces de campêche par livre d'étoffe.

Racine de noyer, le même volume que de gaude.

Pour le garançage.

Quatre onces et deux tiers de garance par livre d'étoffe.

Une once et un tiers de noix de galle par livre d'étoffe; autant de rodoul.

Pour la bruniture.

Une once de couperose par livre d'étoffe; sur trois ou quatre parties de couperose, une de brésil, c'est-à-dire, environ le tiers.

Couleur de gérofle.

Cette couleur étant extrêmement brune, n'est guère du goût des Turcs; on en fait néanmoins quelques-unes, quoique rarement, parce que les goûts étant différens, il en est toujours quelques-uns à qui elle convient, soit parce que c'est une nécessité d'en faire quelquefois pour cacher les taches d'un drap qui paroissent dans des couleurs plus claires, comme on l'expliquera dans le traité du changement des couleurs.

Quoi qu'il en soit, les drogues qui entrent dans cette couleur, sont les mêmes que celles dont on se sert pour les couleurs de café et de musc. La seule différence qu'il peut y avoir, c'est que dans la couleur de gérofle, la bruniture doit être plus forte; on y met donc deux ou deux livres et demie de couperose par pièce, c'est-à-dire, une once et demie ou environ par livre d'étoffe.

Couleurs de tabac et leurs différentes espèces.

Tabac verdâtre empastelé.

Pour teindre cinq pièces de drap en cette couleur, on les empastèle à la nuance de bleu de roi; on les envoie au foulon pour les y faire laver, &c.

Au retour on fait un bain frais, sur lequel on bouillit les draps avec trente livres d'alun, ou six livres par pièce ; on les fait dissoudre dans l'eau, on pallie ; et le bain étant prêt à bouillir, on y passe les draps qu'on y laisse trois ou quatre heures de suite ; on les retire au bout de ce temps-là, on les évente, et on les fait refroidir.

On prépare ensuite un nouveau bain pour le gaudage ; on y mettra dix livres de bois jaune, ou deux livres par pièce, et douze livres et demie de gaude. On fait prendre quelques bouillons à ce bain, et on y passe les draps qui y restent autant de temps qu'ils prennent la couleur jaune ; on a le soin de les bien démêler, de les mettre au large, et de les enfoncer : on les retire au bout de ce temps-là, on les évente et on les fait refroidir..

Pour faire le garançage sur la même chaudière, on achève de la remplir ; et dans le temps qu'elle est à se chauffer on fait infuser dans une comporte quinze livres de garance fine, ou trois livres par pièce, et bouillir dans une chaudière à part, deux livres et demie de noix de galle.

Le bain étant prêt, on y verse cette

infusion et cette teinture, en les passant l'une et l'autre par un tamis; on fait bouillir le tout une heure, ensuite on y met les draps, on les y tient deux heures à bouillir sans discontinuer, et on les tourne et les enfonce à l'ordinaire. Dès qu'ils ont pris la garançage, on les retire, on les évente et on les fait refroidir.

On prépare la bruniture à deux livres et demie de couperose, ou demi-livre par pièce, la moitié moins de brésil, dont on se sert à l'ordinaire.

Cette couleur étant extrêmement foncée du pastel, n'a pas besoin d'une forte bruniture. Si le drap est même bien uni après le garançage, c'est-à-dire, que la couleur ne soit pas plus foncée ou plus claire dans une partie de drap que dans l'autre, s'il n'y a point de taches ou de barres, dans ce cas on n'y donne point de bruniture; car plus ces sortes de couleurs sont claires, et plus elles sont estimées dans le Levant.

On remarquera encore que le fond ou le pied de cette couleur étant d'une couleur de bleu très-foncée, et n'ayant qu'un gaudage fort léger, il faut que la couleur verte qui en résulte soit aussi très-foncée, de sorte que la couleur rouge que lui donne la garance n'étant point trop foncée, il faut encore que la couleur de tabac qui naît du mélange des trois précédentes, ait un fond verd qui domine : c'est la raison pourquoi on l'appelle tabac verdâtre.

Cette couleur peut se diversifier en mille manières. On peut augmenter le pied du guesde, les doses du gaudage ou celles du garançage, pour faire dorer ou rougir un peu plus le tabac, selon le goût ou la fantaisie qu'on en a ; mais il est nécessaire que la couleur domine un peu les autres.

Il se rencontre quelquefois de ces couleurs, où le verd et le rouge sont portés à une nuance si approchante pour le fond, l'un étant aussi foncé dans son espèce que l'autre dans la sienne, que leur combinaison produit une couleur de tabac charmante. Afin qu'on puisse se régler sur ces différentes combinaisons, chacun selon son goût, voici les doses des drogues qui entrent dans le tabac, dont on vient de donner la recette, pour toutes sortes de draps et d'étoffes.

Remarque.

On les empastèle en bleu de roi.

Pour le bouillon.

Alun de Rome, quatre onces par livre d'étoffe.

Pour le gaudage.

Une once et un tiers de gaude, par livre d'étoffe, et une once et deux tiers de bois jaune.

Pour le garançage.

Deux onces de garance par livre d'étoffe.

Une once de noix de galle sur trois livres d'étoffe.

Pour la bruniture.

Couperose autant que de noix de galle, et la moitié moins de brésil.

Tabac brun empastelé.

Pour teindre cinq pièces de drap en cette couleur, il faut les empasteler à la nuance de bleu de ciel; on les envoie au foulon pour y être lavées, &c.

On prépare un bain frais pour les y faire bouillir ; pour cet effet on y dissout trente livres d'alun, ou six livres par pièce ; on pallie fortement, et on y passe les draps ; on les y laisse trois à quatre heures, pendant lesquelles le bain doit bouillir à gros bouillons ; on les retire, on les évente et on les fait refroidir.

On prépare un nouveau bain pour le gaudage, dans lequel on met trente livres de gaude, ou six livres par pièce, et vingt-cinq livres de bois jaune ; on lui fait prendre quelques bouillons, on pallie fortement, et on y passe les draps ; on les y laisse aussi long-temps qu'ils se chargent de la teinture, en observant de les tourner sans cesse, de les démêler, élargir et enfoncer, pour que la couleur soit par-tout égale et unie. On les lève sur la civière, on les abat sur le chevalet, et on les évente jusqu'à ce qu'ils soient refroidis.

On verse plusieurs comportes d'eau dans la chaudière pour remplacer celle que le gaudage lui a ôtée, et achever de la remplir ; on fait dissoudre dans une comporte trente livres de garance fine, ou six livres par pièce, et bouillir dans la petite chaudière cinq livres de galle. Ces deux teintures ou infusions étant prêtes, on les jette dans le bain, que l'on fait bouillir une heure et demie; on y passe ensuite les draps, qu'on y laisse deux heures à bouillir et à prendre la couleur de la garance; on les tourne, on les démêle et on les enfonce à l'ordinaire. Au bout de ce temps-là on les lève, on les évente et on les fait refroidir.

On apprête la bruniture dans la petite chaudière, en y faisant dissoudre et bouillir pendant deux heures 3 livres 3 quarts de couperose, ou trois quarts de livre par pièce, et la moitié moins de brésil. Cette teinture étant faite, et le garançage donné aux draps, on en verse une partie dans le bain, qu'on fait bien pallier; on y passe deux pièces de drap pour les y brunir, et après cela deux autres, et ainsi de suite.

Remarque.

On observera qu'un tabac brun a le jaune pour la couleur dominante. Cette couleur est à-peu-près un can-

nelle extrêmement foncé et plus bruni;
c'est pourquoi le pied du pastel a été
fort léger, et le gaudage au contraire
très-foncé. Le mélange de ces deux
couleurs aura produit un verd extrêmement jaune. Le garançage qui a été
aussi très-foncé, ayant été appliqué sur
le jaune, aura produit une couleur de
tabac, où les nuances de jaune et de
rouge auront été très - foncées, mais
où celle du jaune diminuera un peu ;
et c'est-là précisément en quoi consiste
la nuance du tabac brun. On sent assez
que cette couleur, comme toutes les
autres, peut varier à l'infini, en augmentant ou diminuant les doses des
trois couleurs qui y entrent.

Remarque.

Les doses de cette couleur sont selon la proportion suivante à l'égard de
toutes sortes de draps et d'étoffes.

Le pied de pastel ou le guesde, un
peu clair.

Pour le bouillon.

Quatre onces d'alun de Rome par
livre d'étoffe.

Pour le gaudage.

Quatre onces de gaude par livre d'étoffe.

Et trois onces et un tiers de bois jaune.

Pour le garançage.

Quatre onces de garance par livre d'étoffe.

Deux onces de noix de galle sur trois livres d'étoffe.

Pour la bruniture.

Une demi-once de couperose par livre d'étoffe, et la moitié moins de bois de Brésil.

Tabac verdâtre sans être empastelé.

Pour teindre cinq pièces de drap en cette couleur, on les bouillit avec trente livres d'alun, ou six livres par pièce, qu'on fait dissoudre dans un bain frais, &c.

On prépare un nouveau bain pour un gaudage, dans lequel on met quarante livres de gaude, trente livres de bois jaune, un sac de racine de noyer du même volume que la gaude, sept

livres et demie de campêche, vingt-
cinq livres de rodoul, cinq livres de
bois de Brésil. On coupe les bois qui servent à la teinture, en morceaux, qu'on
met dans un sac à l'ordinaire; on fait
bouillir ensemble toutes ces drogues
environ une heure et demie; après
cela on pallie fortement, et l'on y passe
les draps, on les y laisse trois heures,
pendant lesquelles on doit toujours
faire bouillir le bain. On a un grand
soin de les démêler, élargir et enfoncer à tout instant; on les lève au bout
de ce temps-là, on les évente et on les
fait refroidir.

Pour le garançage, on fait verser de
nouvelle eau sur le bain du gaudage
pour achever de remplir la chaudière,
et on augmente le feu pour la chauffer.

On fait cependant infuser dans une
comporte vingt livres de garance fine;
et deux livres et demie de noix de
galle concassées sont mises dans la
petite chaudière pour y bouillir deux
heures de suite.

La teinture de la garance et des
noix de galle étant prête, de même
que le bain, on l'y verse, on le pallie

et on le fait bouillir une heure ; on y passe ensuite les cinq pièces de drap, qui y demeurent deux heures pour prendre la couleur rouge ; on les tourne, on les démêle et on les enfonce sans discontinuer ; on les lève après ce temps-là, on les évente et on les fait refroidir.

On prépare la bruniture pendant qu'on garance les draps ; on fait dissoudre et bouillir dans la petite chaudière deux livres et demie de couperose, ou une demi-livre par pièce, et la moitié moins de brésil. On se sert de cette teinture pour brunir les draps en la manière ordinaire.

Remarque.

Les doses de ce tabac verdâtre, pour toutes sortes de draps et d'étoffes, sont selon la proportion suivante :

Pour le bouillon.

Alun, quatre onces par livre d'étoffe.

Pour le gaudage.

Cinq onces et un tiers de gaude par livre d'étoffe.

Quatre onces de bois jaune par livre d'étoffe.

Racine de noyer autant que de gaude.

Une once de campêche par livre d'étoffe.

Trois onces et un tiers de rodoul.

Deux onces de bois de Brésil par livre d'étoffe.

Pour le garançage.

Deux onces et deux tiers de garance par livre d'étoffe.

Noix de galle, la moitié moins que de brésil.

Pour la bruniture.

Couperose, autant que de noix de galle.

Bois de Brésil, la moitié moins.

Tabac brun sans être empastelé.

Pour teindre cinq pièces de drap en cette couleur, on prépare un bain frais pour le bouillon ; on y fait dissoudre trente livres d'alun, ou six livres par pièce ; on pallie et on augmente le feu ; on y passe les draps, et on les fait bouillir pendant trois heures, après quoi on les retire, et on les fait refroidir.

On.

On prépare un nouveau bain pour le gaudage, dans lequel on met cinquante livres de gaude, et trente livres de bois de Brésil ou de bois jaune; on passe les draps sur ce gaudage, jusqu'à ce qu'ils soient bien jaunes; on les lève, on les fait refroidir, et on met dans le bain quinze livres de rodoul et cinq livres de campêche, avec un sac de racine de noyer; on laisse bouillir le tout, et on y repasse les draps, en les faisant bouillir pendant deux heures.

On répare le bain en y versant de nouvelle eau; et pendant qu'il chauffe, on fait infuser à part vingt livres de garance fine et autant de commune, et on fait bouillir deux livres et demie de noix de galle.

Le bain étant prêt, on y verse les infusions de deux espèces de garance et celle de la noix de galle; on les fait bouillir une heure durant, puis ou y passe les draps; on les y laisse bouillir deux heures. On observe de les bien démêler, élargir et enfoncer, enfin on les retire, on les évente et on les fait refroidir.

Tandis qu'on donnoit le garançage,

Part. 1.   M

on aura préparé la bruniture dans la petite chaudière, avec trois livres trois quarts de couperose, et la moitié moins de brésil ; on en verse une partie dans le bain du garançage, sur lequel on brunit les draps de deux en deux pièces, à la nuance que l'on veut, en observant ce qui a été expliqué ci-dessus.

Remarque.

Les doses de ce tabac brun pour toutes sortes de draps et d'étoffes, sont selon la proportion suivante :

Pour le bouillon.

Quatre onces d'alun par pièce.

Pour le gaudage.

Six onces et deux tiers de gaude par livre d'étoffe.

Quatre onces de bois jaune.

Deux onces de rodoul par livre d'étoffe.

Deux onces de campêche sur trois livres d'étoffe, et autant de racine de noyer.

Pour le garançage.

Deux onces et deux tiers de garance fine par livre d'étoffe.

Autant de garance commune.

Noix de galle, une once sur trois livres d'étoffe.

Pour la bruniture.

Couperose, autant que de noix de galle.

Brésil, un peu moins.

Remarque.

Les couleurs de tabac qu'on vient de décrire, ne sont pas fort goûtées dans le Levant, par la raison qu'on a donnée ci-dessus, que les couleurs brunes n'y étoient guère d'usage. D'ailleurs quand on en demande, ce qui arrive quelquefois, on n'en feroit point selon la manière dont on vient de le dire, pour plusieurs raisons; la première parce que ces couleurs seroient trop coûteuses; la deuxième, c'est qu'on a des occasions de reste d'en faire, par l'obligation où l'on est de changer ou des verts ou des cannelles en couleurs plus brunes, à cause des taches qui s'y rencontrent; on a cependant voulu donner la composition, pour ne laisser rien à dire sur ce sujet. On expliquera dans le Traité suivant, comment on doit mettre les verts et les cannelles en tabac, soit brun, soit verdâtre.

On va finir ce Traité de la teinture des draps, par la couleur noire.

Couleur noire.

Pour teindre cinq pièces de drap en cette couleur, on les fait mettre à la nuance de bleu la plus foncée; on les envoie au foulon pour les y faire bien dégorger et laver.

Au retour, on prépare deux bains frais pour leur donner la teinture. Dans l'un on y met trente-cinq livres de rodoul, ou sept livres par pièce, et quinze livres de campêche, ou trois livres par pièce.

On fait infuser à part trente livres de garance fine, ou six livres par pièce, et bouillir vingt - cinq livres de galle dans une petite chaudière.

Le premier bain où l'on a mis le campêche et le rodoul étant prêt, on y passe par un tamis l'infusion de la garance, et la teinture de la noix de galle; on pallie bien le tout et on le fait bouillir une heure,

Dans le même temps on prépare le
second bain, dans lequel on met quatorze ou quinze livres de rodoul, cinq
livres de campêche, on fait infuser
dix livres de noix de galle, et l'on verse
la décoction dans le second bain.

On fait bouillir le premier bain et
le second; on met dans celui-là les
cinq pièces de drap, et on les y laisse
trois heures consécutives, en observant
de les bien démêler, élargir et enfoncer, et que l'eau soit toujours bouillante; on les retire, on les abat et on
les évente. Cela étant fait, on les frise
sur le chevalet, afin qu'ils achèvent de
se refroidir et de les faire égoutter.

On fait bouillir le second bain aussi-
tôt que le premier, quoiqu'on n'y mette
point de draps; mais lorsqu'ils ont pris
la teinture du premier bain, on y verse
de l'eau du second jusqu'à ce que la
chaudière soit pleine (car il est bon de
se souvenir que le premier bain a dû
diminuer d'un tiers, par la perte qu'il
a faite de l'eau dont les draps se sont
chargés, et par l'évaporation que la
chaleur a causée). Or c'est avec de
l'eau du second bain qui, ayant bouilli

lui-même, a dû diminuer; c'est, dis-je, avec de cette eau qu'on répare le premier bain aussi-tôt que les draps en sont sortis.

Pendant qu'on évente et qu'on fait refroidir les draps, le premier bain bouillant toujours à grands traits, il s'ensuit qu'il a diminué de beaucoup lorsque les draps étant refroidis et égouttés, sont prêts à être remis dans la chaudière; or cette diminution, si j'ose ainsi m'exprimer, est réparée encore avec de l'eau du second bain.

On y passe les draps pour la seconde fois, et on les y fait bouillir trois heures de suite, en soignant toujours de les bien démêler, mettre au large et enfoncer; on les retire ensuite, on les évente et on les fait refroidir.

On prépare la bruniture dans la petite chaudière à cinq livres de couperose par pièce, ou vingt - cinq livres en tout; et quand les draps sont sortis du premier bain pour la seconde fois, on y verse une partie de cette eau brunie, on pallie fortement, et on entretient la chaleur du bain, sans pourtant qu'il bouillisse; puis on y met le reste et on pallie de nouveau; on y passe alors les cinq pièces de drap, qu'on y laisse et qu'on fait bouillir quatre heures de suite. On ne manque point de les tourner sans discontinuer, de les démêler et enfoncer. Après ce temps-là on les retire, on les évente et on les fait refroidir; étant froids, on les lave parfaitement, &c.

Remarque.

Il y a des Teinturiers qui sont dans l'usage de ne pas faire deux bains, comme on vient de l'enseigner; ils n'en font qu'un, dans lequel ils mettent les drogues qu'on a marquées pour les deux; et au lieu de faire bouillir les draps à deux reprises différentes, ils se contentent de les faire bouillir une seule fois pendant quatre heures, puis ils les brunissent avec la même dose de couperose; ce sont deux chemins qui conduisent au même but; l'un est un peu plus long et l'autre plus court; mais les couleurs qu'on fait par la première méthode, quoiqu'il n'y entre pas plus de drogues que dans celles qui se font par la seconde, sont néanmoins un peu plus solides.

Remarque.

Les doses des drogues qui entrent dans le noir, sont selon la proportion suivante à l'égard de toutes sortes de draps et d'étoffes.

Il faut en premier lieu qu'ils soient empastelés dans la nuance du bleu la plus foncée.

Premier bain.

Rodoul, quatre onces et deux tiers par livre d'étoffe.

Campêche, deux onces par livre d'étoffe.

Garance fine, quatre onces par livre d'étoffe.

Noix de galle, trois onces et un tiers par livre d'étoffe.

Deuxième bain.

Rodoul, deux onces par livre d'étoffe.

Campêche, deux onces sur trois livres d'étoffe.

Noix de galle, quatre onces sur trois livres d'étoffe.

Bruniture.

Trois onces et un tiers de couperose par livre d'étoffe, &c.

Il est plusieurs autres méthodes
pour le noir, par lesquelles on ne se sert
point de la couleur bleue; mais on teint
les draps et étoffes, comme l'on dit,
de blanc en noir. Cette manière de
faire le noir est défendue par les règle-
mens, comme fausse, et de très-peu de
durée. Cependant comme il peut y
avoir des curieux qui seroient bien
aises d'en avoir quelques recettes, ils
pourront consulter *le Teinturier parfait*, qui en donne plusieurs.

Conclusion du Traité de la teinture des draps du Levant.

Dans le présent Traité on a tâché de
n'omettre aucune espèce de couleur
qui fût en usage; c'est la cause qu'on est
entré dans un détail assez exact sur les
différentes nuances de chaque espèce
de couleur, et sur les différentes méthodes de les faire. On ose donc espérer
que le public voudra bien en être sa-
tisfait, d'autant mieux que c'est le pre-

mier ouvrage qui paroisse en ce genre, le *Teinturier parfait* n'ayant donné rien d'exact ni de suivi à cet égard.

RÉFLEXIONS

Sur le changement de couleurs lorsque les draps sont tachés.

Sur les écarlates.

LES écarlates étant sortis de la chaudière peuvent se tacher, soit en touchant à terre, soit par quelque éclaboussure dans le temps qu'on les porte à la rivière pour les y laver, soit enfin par d'autres divers accidens qui seroient trop longs à décrire.

Les cramoisins sont sujets aux mêmes inconvéniens; et d'ailleurs on peut ne pas bien les unir, ou rendre la couleur mal unie, dans le temps qu'on les rose ou qu'on les brunit, soit parce que l'alun n'a pas été bien fondu, ou également distribué dans le bain, faute de les bien pallier, soit parce que le bain étoit trop chaud, soit à cause qu'on n'a pas bien démêlé, mis au large et enfoncé les draps, soit enfin pour d'autres causes. Dans ces cas, soit l'écarlate ou le cramoisin qui soit taché, on prépare un bain frais dans lequel on verse plusieurs seaux d'eaux sures, et l'on passe sur ce bain les draps tachés. Il est peu de taches de boue ou autres saletés qui ne cèdent à l'acide des eaux sures bien aigries. Il en est néanmoins quelques-unes pour lesquelles ce remède n'est pas assez efficace; dans ce cas on a recours à un autre moyen dont l'effet est plus puissant, c'est de passer les draps à la suite d'une rougie.

On se souviendra qu'au commencement de ce Traité de la teinture des draps, on a dit que lorsqu'on a fait des écarlates sur un bain, ce bain conservoit une petite partie de cochenille qui ne s'attachoit point aux écarlates, et que ce reste qu'on appelle suite étoit évalué à quinze onces; que cette cochenille étoit accompagnée d'une quantité de composition proportionnée à la dose qui y reste, et que de nouveaux draps, mis dans le bain ou dans la suite, emportoient la plus grande partie de ce reste de cochenille et de composition, en sorte que de blancs qu'ils étoient, ils devenoient presque couleur de rose.

Or, ces choses rappelées, il s'ensuit que le reste d'une rougie, ou le bain sur lequel la rougie ou les écarlates ont été faites, se trouve chargé d'une certaine quantité de composition. La composition n'étant que de l'eau-forte un peu tempérée par la dissolution de l'étain, et l'eau-forte étant l'acide le plus vif de tous ceux que l'on connoît, il est évident que l'acide de la composition qui reste dans le bain, doit être plus fort que celui des eaux sures, quelqu'aigries qu'elles puissent être ; ce que l'expérience d'ailleurs confirme. Il s'ensuit donc que comme les acides enlèvent les taches de l'écarlate, il faut nécessairement que, s'il en est quelques-unes qui résistent à des acides plus foibles, elles cèdent à d'autres qui sont plus forts, et par conséquent que les taches que les eaux sures n'ont pu enlever, soient effacées par la composition qui reste à la suite d'une rougie.

On remarquera que ce remède est

d'autant plus convenable qu'il est analogue à la teinture. En effet, qu'est-ce qui cause les taches dans les écarlates? C'est quelque chose qui altère, qui dérange (si j'ose ainsi m'exprimer) la constitution ou la disposition de l'écarlate. Or, qu'y a-t-il de plus propre pour réparer le dérangement de cette disposition, que les mêmes causes qui la lui ont donnée? C'est donc pourquoi il est peu de taches qui résistent à la suite d'une rougie.

Il en est peu, mais il y en a néanmoins quelques-unes. Or, pour remédier à celles-ci, il est deux moyens différens, mais dont le dernier est le plus ou le seul pratiqué.

Le premier est d'enlever au drap toute sa couleur, et de le rendre aussi blanc qu'il étoit avant d'avoir été teint. Pour persuader la possibilité de ce fait à quiconque n'en a pas l'expérience, il faut savoir que la cochenille est une drogue extrêmement rameuse, qui ne sauroit par elle-même s'attacher au drap pour le colorer. En effet, si on teignoit un drap dans un bain où il n'y auroit que de la cochenille, il pourroit bien se charger de la couleur ; mais elle y seroit si peu adhérente , que l’eau ou le nitre de l’air l’emporteroit très aisément , et qu’elle seroit pire encore que les couleurs les plus fausses. C’est l’expérience qu’on a de cette vérité constante , qui a fait inventer la composition qui par son acide attache ou accroche pour ainsi dire la couleur au drap , et l’y retient tant qu’il y subsiste lui-même.

Or ce principe posé , il est évident que pour enlever la couleur à un drap écarlate , il suffit d’absorber tous les acides qui l’y tiennent fixée. Pour absorber ces acides, il faut donc se servir d’alkalis; et c’est en effet en quoi consiste tout le secret. On prépare donc un bain, dans lequel on fait une lessive de sel de tartre jusqu’à ce qu’il soit gras au toucher ; on y fait bouillir ensuite les écarlates qui y déchargent toute leur couleur , et qui après avoir été tordus et lavés, deviennent aussi blancs que s’ils n’avoient jamais été teints.

Les alkalis font sur l’écarlate le même effet que les acides sur le noir.

Le noir résulte du mélange du vi-

triol et de la noix de galle. Le vitriol
contient une matière ferrugineuse qui
est retenue par son acide. Mêle-t-on
la teinture du vitriol avec celle de la
noix de galle qui est extrêmement po-
reuse, l'acide de celui-là va s'absorber
dans les pores de celle-ci, et la matière
ferrugineuse se trouvant en liberté,
surnage dans la liqueur, et lui donne
la couleur noire qui lui est propre.

Verse-t-on sur cette couleur noire
de l'eau-forte, son acide se précipite
dans les pores de la noix de galle, et
se trouvant plus fort et plus subtil, en
chasse celui du vitriol; celui-ci dégagé
se réunit avec la matière ferrugineuse,
et la couleur noire se dissipe.

Verse-t-on sur ce mélange de l'huile
de tartre par défaillance, son extrême
porosité a bientôt dégagé l'acide de
l'eau forte des pores de la teinture de
la noix de galle, qui se trouvant par-là
vides, attirent de nouveau les acides
du vitriol, qui se dégageant de la matière ferrugineuse, la laissent surnager
dans la liqueur, en liberté, et la couleur noire est rétablie.

La même mécanique arrive à l'é-

carlate. La cochenille est une drogue,
comme on l'a déjà dit, extrêmement
rameuse, et qui par sa nature ne sauroit s'attacher à la superficie du drap.
On a inventé la composition, qui se
mêlant et s'incorporant avec elle pour
ne faire qu'un tout, la fixe sur le drap.
Si on veut donc l'en détacher, il n'y
a qu'à absorber cet acide, et c'est à
quoi l'on parvient au moyen du sel de
tartre.

Lorsqu'on a donc enlevé à un drap sa
couleur d'écarlate, on la ramasse soigneusement pour s'en servir à faire des
soupevins, migraines, pourpres ou violets; car cette couleur est trop précieuse pour n'en point profiter, et les draps
sont destinés pour d'autres couleurs.

Le second moyen et le plus usité
pour remédier à ces défauts, c'est de
passer les écarlates sur une cuve, c'est-
à-dire de les teindre en bleu d'azur.
La couleur qui en résulte est un pourpre magnifique. Il est vrai que l'écarlate dégrade fort une cuve à cause de
l'eau-forte; mais ce préjudice est
moindre que ne seroit celui de perdre
la couleur de l'écarlate.

C'est par ces différens moyens qu'on remédie aux défauts ou aux taches qui surviennent aux écarlates, cramoisins, et autres couleurs fortes. On appelle couleurs fortes toutes celles où il entre une once à une once un quart de cochenille par livre d'étoffe, ou les écarlates cramoisins, soupevins, pourpres, violets cramoisins; demi-couleurs fortes, celles où il entre moins de cochenille, comme jujubes, langoute, abricot, cerise, rose, &c. et couleurs basses, celles où il n'entre point de cochenille.

Rouges de garance.

Les rouges de garance peuvent être tachés par plusieurs endroits différens, par rapport à des taches du foulon qui sont invisibles tant que les draps sont en blanc, mais qui paroissent ensuite lorsqu'ils sont teints.

Par les curimages des tondeurs : c'est quelque goutte de sain-doux, avec lequel ces ouvriers oignent leurs forces, ou du moins le tranchant des forces, qu'ils ont laissé tomber sur le drap; cela ne forme pas de tache tant que le drap demeure en blanc; mais étant mis en teinture, la partie du drap qui a été pénétrée de cette graisse ne prend pas si bien la couleur que le reste; il y a donc une différence dans la nuance, et cette différence est une tache.

Enfin les draps peuvent se tacher, par rapport à différentes fautes que peut faire le Teinturier; à quoi il faut ajouter qu'ils peuvent être barrés. C'est le tisserand qui cause ce dernier défaut, en introduisant dans le drap, lorsqu'il le fait, quelque fil de trame de laine différente que celle qu'on lui a donnée.

Toutes les taches qui se rencontrent dans les draps, de quelque couleur qu'ils puissent être, proviennent d'une de ces causes.

Les rouges de garance se trouvant donc tachés ou barrés après la teinture faite, on les change en différentes couleurs.

1°. En couleur de roi.

2°. En marron.

3°. En cannelle.

4°. En tabac.

On se détermine à une de ces couleurs, selon la qualité et la nature des taches, observant toujours de préférer les couleurs les plus claires.

Changement en couleur de roi.

On les passe sur une cuve pour leur donner la couleur de bleu à la nuance de bleu de ciel. Cela fait, on les fait bien laver et nettoyer au foulon; et au retour on prépare un bain frais, dans lequel on fait dissoudre quatre livres de couperose, ensuite on y passe deux pièces pour les faire brunir; après ces deux pièces, on remet dans le bain trois livres et demie de couperose, et on y brunit deux nouvelles pièces, et ainsi de suite tant qu'on en a.

Il est des Teinturiers qui se contentent seulement de brunir les rouges de garance sans les passer en bleu de ciel.

Changement en marron.

On fait empasteler les rouges de garance en bleu d'azur, ou un peu plus foncé; on les passe sur un gaudage, quand on y a teint tous les autres draps qu'on a eu à teindre; après quoi on les brunit sur le même bain du gaudage, si on n'en a plus que faire, ou sur un bain frais avec de l'eau brunie, dans une petite chaudière où l'on a fait dissoudre deux livres de couperose par pièce.

Il est à remarquer qu'avant la bruniture les draps doivent être engallés; ce qu'on fait en la manière qui à été expliquée ci-dessus. Les doses de la noix de galle sont les mêmes pour l'ordinaire que celles de la couperose.

Il est plus ordinaire de faire les marrons sans gaudage, que de les y passer, non pas que la couleur en soit meilleure, au contraire; mais elle coûte moins de frais et de peine : on se contente donc de les brunir un peu plus que les couleurs de roi. Tout ce qu'on peut faire de plus favorable, c'est lorsqu'on engalle les draps sur un bain, d'y avoir fait bouillir sept à huit livres de fustel, ou une livre et demie par pièce, ce qui revient à demi-once par livre d'étoffe, et qui lui donne une petite couleur orangée qui, confondue dans celle de rouge, approche assez de la couleur qu'on appelle marron : on les fait ensuite brunir à l'ordinaire.

Changement en cannelle ordinaire.

Pour faire ce changement on teint les rouges de garance en bleu de ciel; et après qu'ils ont été nettoyés au foulon, on les passe sur un bain chaud, sans qu'il y ait aucune drogue dedans, seulement pour les tremper; on les gaude bien ensuite, on les engalle, puis on les brunit à demi-livre de couperose par pièce.

Remarque.

Les garances sont propres à toutes sortes de cannelles. Si on veut faire des cannelles brûlés, il n'y a qu'à les mettre en bleu d'azur et les passer sur un foible gaudage, et ainsi des autres nuances de cannelle, à l'exception du cannelle doré, qui ne peut guère se faire avec une rougie de garance, la couleur de rouge étant trop foncée.

Si on ne veut point empasteler les garances pour cannelle, il faut jeter dans le gaudage un sac de toile, dans lequel on aura mis une livre et demie de campêche par pièce, ou une once par livre d'étoffe, et cinq livres de galle concassée, ou deux onces sur trois livres d'étoffe; le tout ayant bouilli deux heures, on y passe les draps rouges de garance, et on les fait bouillir une heure et demie, après quoi on les retire, et on les brunit sur le même bain, en se servant d'eau qu'on aura brunie dans la petite chaudière, à demi-livre de couperose par pièce, et la moitié moins de noix de galle; car cette couleur ne demandant point une forte bruniture, il n'est pas nécessaire que la dose de la couperose soit aussi forte que celle de la noix de galle.

Avant que de passer les draps sur le gaudage, on peut y mettre une livre de fustel par pièce.

Changement en tabac verdâtre.

Il faut faire empasteler les rouges de garance en bleu de roi, puis les passer sur un foible gaudage dans lequel on aura versé de la décoction de la noix de galle, à demi-livre par pièce; en les brunira ensuite légèrement avec un quart de livre de couperose.

Pour le changement de couleur en
d'autres nuances ou espèces de tabac,
il suffit d'augmenter les doses, soit du
pastel, de la gaude, du campêche,
de la noix de galle et de la couperose,
qu'on emploie pour convertir les rouges de garance en cannelle; puisque,
comme on l'a remarqué ci-dessus, les
tabacs bruns et autres, ne sont à proprement parler, que des cannelles
très-foncés.

Changement des draps teints en couleur de bleu.

La couleur bleue foncée cache
toutes les taches des draps; il n'y a
donc que les couleurs claires qui y
soient exposées. Pour y remédier,
quand le cas y écheoit,

En premier lieu, on les met en une
nuance de bleu plus foncée.

En second lieu, on les met en cannelle, en employant les doses qui conviennent à cette couleur.

En troisième lieu, si les taches sont
trop difficiles à couvrir, on les con-
vertit en marron.

En quatrième lieu, le pis-aller est de les changer en vert brun ou en gérofle. A l'article de chacune de ces couleurs, on trouvera les doses qui y conviennent.

Changement de la couleur de pourpre.

Lorsque cette couleur est tachée, le seul expédient qu'on ait pour y rémedier, c'est de leur faire donner un plus fort pastel, pour les changer en violet cramoisin. On vient de dire que la couleur de bleu cache toutes les taches; c'est la raison pourquoi le violet cramoisin est exempt de ces défauts.

Autrefois on avoit un meilleur remède, c'étoit de les passer dans un bain sur lequel il y avoit de l'orseille, et la couleur sortoit unie à charmer, quelque défectueuse qu'elle fût auparavant; mais les défenses qu'on a faites de s'en servir, sont cause que ce moyen là n'est guère pratiqué, quoiqu'il le soit quelquefois par des Teinturiers plus hardis que prudens.

Changement

Changement pour les couleurs de lilas.

Les draps teints en lilas se trouvant tachés, on examine la nature de leurs taches. Si on pense que la nuance du pourpre puisse les enlever ou les cacher, on prépare un bain frais dans lequel on délaye une livre un quart de cochenille par pièce, qui avec un quart qu'il y en a dans le lilas, font une livre et demie; on y passe les draps, et la couleur de pourpre se trouve faite.

Si au contraire on pense qu'ils ne peuvent être destinés qu'en violets cramoisins, on les passe sur la cuve pour leur donner une nuance de bleu très-foncée; on les fait bouillir ensuite avec deux livres d'alun par pièce, et le huitième pesant de tartre. On prépare ensuite un nouveau bain pour faire la rougie comme aux pourpres, c'est-à-dire, à une livre et un quart par pièce.

Remarque.

Ces sortes de changemens sont rares, parce que ces couleurs ne sont pas fort sujettes aux taches.

Part. 1.   N

Changement de la couleur de soufre.

La couleur jaune jonquille cache tous les défauts et les taches qui peuvent être dans les draps; il n'y a que les couleurs jaunes claires qui y soient sujettes, comme le soufre. Le remède consiste à les mettre en jaune foncé. Si on n'a pas besoin de cette couleur, on les change en cannelle ; mais comme les verds d'herbe sont assez demandés, et que cette couleur cache les taches, on empastelle les soufres, et le verd d'herbe est fait.

Si les taches étoient d'une nature à paroître encore, on les convertiroit en tabac rougeâtre, verd brun, ou autre couleur, comme il sera expliqué à l'article du verd d'herbe.

Changement des belettes, ardoises et gris de rat.

Les belettes et les ardoises étant des couleurs qui ont un pied de pastel très-foncé, sont à l'abri des taches. Il n'y a donc que les gris de rat qui y soient exposés, plus ou moins, à mesure qu'ils sont plus ou moins foncés.

Le remède qu'on y apporte est :

En premier lieu, de les changer en belette ou en ardoise ; il suffit, pour cela, d'augmenter le pied du pastel et la bruniture.

En second lieu, de les mettre en cannelle ; il suffit pour cela de les passer sur un gaudage, quand on n'y a plus rien à teindre, dans lequel même on peut mettre un peu de fustel.

En troisième lieu, de les mettre en tabac brun ; pour cet effet il n'y a qu'à leur donner un fort gaudage et un peu de nouvelle bruniture.

En quatrième lieu, en tabac verdâtre ; il suffit dans ce cas de les faire passer sur un foible gaudage, et les garancer de nouveau, plus ou moins qu'ils le sont déjà, ou à proportion du goût et de la fantaisie du Teinturier.

Changement des couleurs de prune.

Les couleurs foncées de prune étant à l'abri des taches, on peut, dès qu'on aura des prunes clairs dans le cas, les

changer en diverses espèces de prunes
bruns. La différence des doses des
drogues qui entrent dans leur composition, indique celles qu'il faut mettre
à un prune clair pour le convertir en
prune brun, et ces couleurs sont toujours estimées.

Un foible gaudage rend à un prune
clair un noisette.

Un gaudage un peu foncé en fera
un cannelle.

Un gaudage des plus foncés et une
bruniture proportionnée, en feront
un tabac. On se règle là-dessus, tant
sur la nature des taches, que sur les
couleurs qui sont demandées.

Changement pour les couleurs de verd.

Entre tous les verds de différentes
nuances, il n'en est aucune espèce
plus aisée à tacher que les verds clairs
et les verds jaunes.

On aura aussi grand soin de choisir
des draps qui soient bien nets ; et cependant ils se trouvent tachés pour la
plupart, dès qu'ils sont teints en verds

clairs. On a circonstancié ci-dessus les différentes causes d'où provenoient ces sortes de taches; il en est encore une autre, qui est même la principale à l'égard des verds, et qui provient de la couleur bleue qui en contient en elle-même le principe : ce principe procède des abus qui se sont glissés dans la culture du pastel, ainsi que l'expérience l'a découvert aux maîtres Teinturiers. On fera connoître au supplément, où l'on traite des drogues et ingrédiens qui entrent dans la teinture, en quoi la culture du pastel se trouve viciée; et les moyens d'y remédier.

Lorsqu'on a des verds clairs qui sont tachés, on examine la nature des taches, et là-dessus on se détermine sur le changement. On peut en faire quelquefois de verds d'émeraude. Il n'y a pour cela qu'à les passer sur la cuve, pour leur donner quelques nuances de bleu de plus qu'ils n'ont. D'autres fois on est dans l'obligation de les changer en verds d'herbe, dans ce cas on leur donne un bleu plus foncé que pour l'émeraude.

Si les taches paroissent encore, on

en fait des verds bruns; pour cet effet on les engalle à une livre et demie de noix de galle par pièce, ce qui revient à une once par livre d'étoffe, et ensuite on les brunit avec autant de couperose et un peu moins de brésil, en observant toutes les formalités qui ont été décrites dans le Traité précédent.

Tantôt on les met en noisette. Il n'y a pour cela qu'à les passer sur un bain frais, dans lequel on aura fait dissoudre deux à trois livres de garance par pièce, ou environ deux onces par livre d'étoffe; et comme ils pourroient être encore tachés, on prend toujours la précaution de les engaller, pour pouvoir les brunir; à quoi l'on parvient en versant dans le garançage la décoction de deux livres et demie de noix de galle.

Les draps étant garancés et engallés, on les sort, on les évente et on les fait refroidir.

Pendant le garançage on prépare la bruniture dans la petite chaudière, en la manière usitée, en y faisant dissoudre et bouillir deux livres et demie de couperose, et un peu de brésil. On se sert de l'eau de cette chaudière pour brunir les draps.

Non-seulement on a égard à la nature des taches, lorsqu'on a des verds à changer en d'autres couleurs, mais encore au besoin où l'on se trouve de différentes couleurs ; ainsi si l'on a à faire des cannelles, ou des gérofles, ou des marrons, ou des cafés, &c. on y destine quelques pièces de verd clair.

Pour en faire des cannelles, on prépare un bain frais dans lequel on verse,

1°. L'infusion qu'on a faite à part de vingt à trente-six livres de garance, ou de quatre à sept livres par pièce, selon la nuance et l'espèce de cannelle qu'on desire ; ce qui revient, depuis deux onces un tiers, jusqu'à quatre onces de garance par livre d'étoffe.

2°. Et la décoction de deux livres et demie de noix de galle, qu'on aura faite dans la petite chaudière. On passe les draps sur le bain ; et tandis qu'on les y garance, on prépare dans la petite chaudière la bruniture qu'on y destine, en faisant dissoudre et bouillir deux livres et demie de couperose, et un peu de bois de brésil., dont on se sert en la manière ordinaire.

Pour en faire des marrons, on les passe sur la cuve pour leur donner une nuance de bleu foncé , et les rendre verds d'herbe. On les lave au foulon ; et au retour on prépare un bain frais, dans lequel on verse l'infusion de vingt livres de garance, ou quatre livres par pièce , ce qui revient à deux onces et deux tiers par livre d'étoffe , et la décoction de trois livres trois quarts de noix de galle. On fait bouillir ces drogues une heure ensemble.

Avant que d'y passer les draps , on les fait bien tremper dans un bain tiède , après quoi on les garance , et cependant on prépare la bruniture à trois livres trois quarts de couperose par pièce de drap , ou demi-once par livre d'étoffe , et un peu moins de bois de brésil , de laquelle on fait l'usage qui convient.

Remarque.

Quand ces draps ont été réempastelés , il seroit bon de les faire bouillir à deux livres d'alun par pièce seulement, ou une once et demie par livre d'étoffe, avant que de les ga-rancer.

On peut faire un marron sans em-pasteler les draps de nouveau, et même c'est la manière la plus usitée ; on les fait donc garancer tout de suite, en mettant dans le bain avant la ga-rance, cinq livres de campêche, et dix livres de rodoul, outre la noix de galle. Les draps ayant été garancés de la sorte, sont brunis ensuite à raison d'une livre de couperose par pièce de drap, ou de deux onces sur trois livres d'étoffe.

La dose du campêche est la même ; celle du rodoul est double ; et celle de la garance est quadruple.

Si d'un verd clair on en veut faire un café, on lui donne un pastel plus fort que pour le marron ; et on le bru-nit avec deux fois plus de couperose, c'est-à-dire, à une livre et demie par pièce, ou une once par livre d'étoffe.

Si on les fait, sans les empasteler de nouveau, dans le bain où l'on fait le garançage, au lieu d'une livre de cam-pêche par pièce, qu'on met pour les marrons, il en faut pour celui-ci trois livres, et la bruniture toujours à une livre et demie par pièce. Enfin, si on veut les changer en couleur de gérofle, il n'y a qu'à brunir les cafés avec deux livres de couperose par pièce.

Tout ce qui vient d'être dit pour les verds clairs, convient à toutes les autres espèces de verds qui sont susceptibles des mêmes changemens, à quelques modifications près, qui proviennent de leur différente nuance ; mais, sur le plan qu'on vient de donner du changement des verds clairs, il est aisé de comprendre celui qu'on veut donner aux autres espèces de verd ; c'est pourquoi on les passera sous silence, pour abréger autant qu'il sera possible.

Changement sur les couleurs de noisette.

Cette couleur n'est pas si sujette aux taches que les précédentes ; mais elle n'en est point exempte. Comme il y a des espèces de noisettes qui diffèrent assez les unes des autres, les changemens ne sauroient être semblables, comme dans la couleur précédente ; c'est pourquoi on va les traiter séparément.

Changement de noisette rougeâtre.

Lorsque ce noisette se trouve taché, on peut le mettre en cannelle, surtout s'il n'a pas été bruni, comme il arrive à la plupart. Il suffit dans ce cas de les faire passer sur un fort gaudage.

Ayant donc pris une nuance de jaune très-foncée, et en ayant une de garance de même espèce, la couleur cannelle qui en résulte, peut supporter une bruniture assez forte pour cacher les taches ; pour cet effet on les engalle à une livre de noix de galle par pièce, et on prépare la bruniture à une livre de couperose par pièce. On observe néanmoins, à l'égard de la bruniture, de la donner modérément, pour essayer si les taches disparoîtroient à une nuance plus foible ; auquel cas on n'y emploieroit qu'une partie de la bruniture.

Changement du noisette verdâtre.

Lorsque ces espèces de noisette sont

tachées, le meilleur parti qu'il y ait à prendre, est de les passer sur la cuve pour leur donner une nuance de bleu foncé. Le bleu foncé cache les taches, comme on l'a dit ci-dessus ; il faut donc que ce remède guérisse celles du noisette verdâtre, qui par ce changement perd son nom, et devient tabac verdâtre.

On peut le faire tabac brun, en le passant sur un gaudage, à la suite d'un garançage. Ces deux couleurs augmentant son fond, permettent qu'on puisse le brunir de nouveau, et même assez fortement. Dans ce cas il est encore évident que les taches doivent entièrement disparoître.

Changement du noisette jaunâtre ou doré.

Le premier changement à faire à cette couleur et le plus naturel, est celui de cannelle doré ; la différence étant petite, le remède ne sauroit être que très-aisé. Pour opérer donc cette métamorphose, on se contente de passer les pièces sur une cuve pour les mettre en bleu, à la nuance, ou de bleu de ciel, ou de bleu d'azur, selon la nature des taches.

On peut ensuite les passer sur la suite d'un gaudage, sans y rien ajouter et les brunir de nouveau.

Le second changement est de les mettre en cannelle brûlé : pour cet effet on les passe sur un garançage, et ensuite on les fait brunir.

Le troisième changement est de les mettre en tabac brun. On les empastèle, on les passe sur un bon gaudage, et ensuite on les engalle, et on les brunit fortement.

On peut encore les changer en couleur de marron, de café, de musc, gérofle, &c. en observant les différentes combinaisons des drogues qui ont servi à faire ces couleurs et celle du noisette, et en ajoutant à celle-ci la différence qui peut s'y rencontrer.

Changement du noisette tirant sur la couleur de prune.

Lorsque ces noisettes se trouvent tachés, le meilleur parti qu'il y ait à prendre, c'est de les mettre en prune brun, à quoi on parvient en repassant ces draps sur un garançage.

Cette addition de couleur lui donnant une nuance de rouge pleine et très-foncée, permet qu'on les brunisse fortement, après les avoir engallés en la manière accoutumée. Or la bruniture, dès qu'elle est foncée, est le souverain remède des taches.

On peut changer ces noisettes en marron ; on les passe sur le pastel à la nuance du bleu de ciel ; on les garance et on les brunit ; on peut de même les mettre en café, en musc, en gérofle, et autres couleurs extrêmement brunes.

Ces noisettes peuvent encore être mis en cannelle ; pour cet effet on les empastèle à la nuance de bleu de ciel ; on les fait laver au foulon, et au retour on les passe sur un gaudage, au moyen de quoi ils sont cannelles ordinaires.

Si l'on veut les changer en cannelle brûlé, on les empastèle à la nuance de bleu d'azur, on les passe sur un foible gaudage, et ensuite sur un garançage dans lequel on ait mis l'infusion au moins de quinze livres de garance, ou trois livres par pièce, ou deux onces par livre d'étoffe. On les y laisse bouillir deux heures, au bout duquel temps on les retire, et on les fait refroidir. Si les taches sont cachées par ce changement de couleur, on ne brunit point les draps. Si au contraire elles paroissent encore, on les engalle et on les brunit au degré nécessaire pour les effacer.

Changement des couleurs de marron.

Ces couleurs étant très-foncées et très-brunes, rarement sont-elles tachées. Lorsque cela arrive, on peut les regarder comme un cas très-fortuit ; mais il est des taches ou des barres de drap sur lesquelles la couleur de marron ne jette point une ombre assez efficace. Or c'est pour effacer ces sortes de taches qu'on a recours à ce changement.

Le premier est de les brunir un peu plus qu'ils ne le sont. La bruniture, à coup sûr, cachera toutes les taches ; mais comme il est nécessaire de la ménager en telle sorte qu'elle ne domine point sur la couleur de marron (qu'on appelle le fond de la couleur) jusqu'à l'effacer ou à l'affoiblir si fort, que le drap paroisse noir ; comme, dis-je, il est nécessaire de la ménager, on observe la nature des taches ; et si l'on juge qu'une nouvelle nuance de bruniture assez légère puisse les cacher, on la lui donne ; sinon on travaille à mettre la couleur en tabac verdâtre. Pour cet effet on les passe sur un bon gaudage, lequel répand du jour sur la couleur, et l'éclaircit, en sorte qu'elle devient plus propre à être brunie de nouveau ; ce qui à coup sûr cache les taches et autres défauts du drap.

Enfin on peut encore changer la couleur de marron en musc, en café, et au pis-aller en gérofle. Cette couleur est la dernière ressource de tous les draps gâtés. Après avoir été manqués en différentes couleurs assez claires, on les teint enfin en gérofle, ou même en verd brun.

Changement pour les couleurs de cannelle.

Changement du cannelle ordinaire.

Le premier est de le mettre en cannelle brûlé. Cette couleur ayant beaucoup plus de fond que la première, est aussi plus en état de cacher les taches.

On prépare pour cet effet un bain frais, dans lequel on verse l'infusion qu'on aura faite à part de quinze livres de garance, et la décoction de deux livres et demie de noix de galle. On fait bouillir le tout pendant une heure, et ensuite on y passe les draps ; on les y fait bouillir deux heures de suite, et on les lève pour les faire refroidir ; on les brunit ensuite sur le même bain, avec la bruniture qu'on aura préparée à part dans la petite chaudière.

Le deuxième changement est en tabac verdâtre. On passe les draps cannelle sur la cuve, pour les empasteler à la nuance de bleu de roi. Cette seule couleur est suffisante pour cacher toutes les taches ; mais afin de rendre la couleur de tabac verdâtre plus gaie , on prépare un bain frais , ou l'on se sert d'un bain dans lequel on aura déjà fait des garançages , pour y verser l'infusion qu'on aura faite séparément de dix livres de garance , et une livre et un quart de noix de galle ; on fait bouillir le tout une heure ensemble , et on y passe les draps qui y restent deux heures de suite ; enfin , après les avoir retirés et fait refroidir, on les brunit légèrement.

Le troisième changement est de les mettre en tabac brun , ou tabac jaunâtre. Pour cet effet , on passe les draps sur le plus fort gaudage qui se puisse ; et après qu'ils ont pris la couleur jaune , on les retire du bain , on les évente , et on les fait refroidir.

On prépare un nouveau bain , dans lequel on verse l'infusion de cinq livres de garance fine qu'on aura faite séparément dans une comporte pleine d'eau , et la décoction de deux livres et demie de noix de galle, dont la préparation aura dû être faite dans la petite chaudière ; on brouille bien le bain, en le palliant fortement, et on le laisse bouillir une heure. On y passe ensuite les cinq pièces de drap, et on les y laisse bouillir pendant deux heures, après quoi on les retire, on les évente, et on les fait refroidir.

On aura préparé cependant la bruniture dans la petite chaudière, avec deux livres et demie de couperose, ou demi-livre par pièce, de laquelle bruniture on ne se servira néanmoins qu'avec ménagement, afin de ne brunir les draps que le moins qu'il sera possible. On a expliqué ci-dessus, comme l'on s'y prenoit pour cette opération ; c'est pourquoi on n'en dit rien ici.

Le quatrième changement seroit de les mettre en café. Pour cet effet, on empastèleroit les draps en bleu d'azur ; et après les avoir envoyés au foulon on les passeroit sur un gaudage dans lequel on les laisseroit une heure ; on les en retireroit ; et s'il étoit nécessaire, on les bruniroit tant soit peu, en les engallant auparavant, à proportion de la bruniture qu'on voudroit donner.

Par la même raison, on peut mettre

ces cannelles en musc, en gérofle et autres couleurs brunes.

Changement du cannelle brûlé.

Les draps teints en cette couleur se trouvant tachés, il est aisé d'y remédier. Si on en veut faire des tabacs verdâtres, ils seront fort beaux, ayant déjà le fond de rouge de garance nécessaire pour cela. Il suffit donc de les empasteler à la nuance de bleu d'azur, et après de les engaller, pour leur donner une légère bruniture.

Si on les veut en tabac brun, au lieu de les empasteler, on les gaude, on les engalle, et on les brunit. Il en est de même de toutes les autres couleurs dans lesquelles les cannelles brûlés peuvent être convertis.

Changement de couleur pour les cannelles dorés.

De tous les cannelles, ceux-ci peuvent faire les plus beaux tabacs.

En veut-on un verdâtre ? on les empastèle à la nuance du bleu d'azur, ou un peu moins, et on les envoie au foulon pour y être lavés ; l'on a pour lors un fond de verd éclatant ; on prépare un bain, ou l'on se sert d'un où l'on aura fait des garançages, on y verse l'infusion qu'on aura faite séparément de sept livres et demie de garance fine dans une comporte, ce qui revient à une demi-once de garance par livre d'étoffe, et la décoction de deux livres et demie de noix de galle. On fait bouillir le tout une heure, puis l'on y passe les draps ; au bout de deux heures on les retire, on les évente et on les fait refroidir, après quoi on leur donne la bruniture.

Si on en veut faire des tabacs bruns, ayant déjà le fond nécessaire, il suffit de les engaller un peu, et de les brunir ensuite à la nuance qu'on juge nécessaire pour couvrir les taches.

On en peut encore faire de café, musc, gérofle, &c.

Sur l'idée qu'on vient de donner des changemens des cannelles ordinaires, brûlés et dorés, on peut se régler pour celui de toutes les autres espèces de cannelles ; en suivant la proportion qu'exigeront les différentes doses dont chaque espèce de cannelle sera composée, on ne sauroit manquer de faire réussir tous les changemens possibles.

Pour ce qui concerne les couleurs de musc, de café, tabac verdâtre, tabac brun, gérofle, vert brun et autres semblables, qu'on nomme couleurs brunes, il est peu de changemens à y faire. Quand il s'en trouve dont les taches sont extraordinairement mauvaises, on les met en noir; couleur qui n'est point goûtée des Turcs, mais qui quelquefois est demandée.

Conclusion.

Le Traité qu'on vient de donner sur le changement des couleurs, est des plus utiles dans la pratique, par le grand nombre de draps tachés qui se rencontrent; et non-seulement tous les apprentifs Teinturiers pourront, dans la lecture qu'ils en feront, acquérir une connoissance assez exacte de cette partie de la teinture, qui leur fera faire beaucoup de chemin en peu

de temps, mais encore toutes les personnes qui ne liront ce Traité que par
curiosité.

FIN DE LA Ire PARTIE.